J. GALOPIN

DIRECTEUR DE L'ÉCOLE DES MÉCANICIENS DE LA ROCHELLE

COURS DE PHYSIQUE

A L'USAGE DES CANDIDATS

AUX BREVETS DE MÉCANICIENS

DE LA MARINE DE L'ÉTAT

ET DE LA MARINE DU COMMERCE

PARIS

AUGUSTIN CHALLAMEL, ÉDITEUR

RUE JACOB, 17

Librairie Maritime et Coloniale.

1914

COURS DE PHYSIQUE

J. GALOPIN

DIRECTEUR DE L'ÉCOLE DES MÉCANICIENS DE LA ROCHELLE

COURS DE PHYSIQUE

A L'USAGE DES CANDIDATS

AUX BREVETS DE MÉCANICIENS

DE LA MARINE DE L'ÉTAT

ET DE LA MARINE DU COMMERCE

PARIS

AUGUSTIN CHALLAMEL, ÉDITEUR

RUE JACOB, 17

Librairie Maritime et Coloniale.

1914

PRÉFACE

Cet ouvrage est destiné tout spécialement aux Mécaniciens, qu'ils appartiennent à la Marine de guerre, à la Marine marchande ou à l'Industrie.

Nous n'avons évidemment rien changé à l'énoncé des principes et aux lois de la physique ; mais aussi souvent que cela nous a été possible nous avons placé les exemples et les expériences sur le véritable terrain de la pratique.

Les élèves, en suivant une expérience faite au moyen d'un appareil dont l'usage leur est familier, s'attacheront davantage à connaître les lois régissant son fonctionnement et, par suite, retiendront mieux ces lois.

D'autre part, nous avons totalement supprimé l'usage de ces photographies d'appareils qui encombrent tant d'ouvrages classiques.

Leur utilité en effet est nulle puisqu'on ne voit pas la partie la plus intéressante de la machine : l'intérieur.

En outre, la forme extérieure d'un même appareil varie souvent à l'infini, ce qui fausse les idées des élèves sur les organes essentiels de l'objet.

Nous les avons remplacées par des figures schématiques. Ces figures n'ont souvent aucune ressemblance avec la machine construite sur le principe qu'elles nous servent à démontrer, mais comme elles sont présentées sous une forme simple, l'élève les retiendra facilement ; en outre il saisira rapidement le fonctionnement de l'appareil et cela nous suffit. Nous sommes certain que lorsqu'il aura dans les mains une machine dérivée de ce schéma il en connaîtra vite le maniement.

Enfin chaque chapitre est terminé par plusieurs problèmes résolus. Nous les avons empruntés eux aussi le plus souvent à la pratique du métier de mécanicien.

De cette façon l'élève saura tout seul reconnaître s'il a compris le chapitre qu'il vient d'étudier, et les problèmes qu'il verra résolus lui démontreront encore l'utilité des principes qu'il apprend.

De cette façon nous espérons avoir répondu au désir bien légitime que nous ont si souvent exprimé nombre de mécaniciens : avoir entre les mains un ouvrage tout à la fois théorique et pratique.

Ce livre représentant d'ailleurs les leçons condensées du cours que nous professons depuis plusieurs années, pourra servir de guide aux élèves désirant préparer seuls leurs examens et permettre aux professeurs qui l'adopteront de suivre facilement l'ordonnance du programme.

COURS DE PHYSIQUE

CHAPITRE PREMIER

GÉNÉRALITÉS

Méthode employée en Physique. — La Physique, tout en utilisant les sciences mathématiques pour mesurer les diverses grandeurs et traduire les lois des phénomènes, a besoin, pour établir et rechercher ces dernières, de recourir à l'expérience.

Tous nos grands physiciens ont commencé par observer dans la nature divers phénomènes, qu'ils ont cherché à reproduire, dans leur laboratoire, par expérience. Lorsqu'ils ont pu arriver à cette reproduction, ils ont étudié les conditions dans lesquelles s'étaient produits les phénomènes. En faisant varier ces conditions ils sont arrivés à découvrir la plupart de nos grandes lois physiques.

Les causes d'un phénomène nous sont rarement connues. Le physicien émet alors une hypothèse qui peut prendre la valeur d'un principe si l'expérience la confirme en tous points.

Matière. — On appelle matière tout ce qui affecte nos sens comme l'air, la terre, l'eau, etc. Les corps ne sont donc que des portions limitées de la matière.

Composition des corps. — Prenons un corps quelconque et coupons-le en deux parties, chacune de celles-ci en deux autres et ainsi de suite. On conçoit alors que sous la seule condition d'avoir des instruments assez précis, on pourrait continuer indéfiniment la division.

Il est cependant une limite, à laquelle on serait obligé de s'arrêter, et cette limite, c'est la chimie qui nous la fait connaître : autrement dit, il arrive un moment où les corps ne sont plus divisibles.

La partie qui n'est plus divisible porte le nom d'*atome* dans le cas d'un corps simple, et de *molécule* dans le cas d'un corps composé.

Propriétés essentielles de la matière. — La matière possède trois propriétés essentielles, qui sont : *l'étendue*, *l'impénétrabilité*, *l'inertie.*

Etendue. — La portion de l'espace occupée par un corps est son *volume*. L'étendue, ou la surface du corps, est tout ce qui sépare ce corps de l'espace environnant.

Impénétrabilité. — La matière est impénétrable, c'est-à-dire que deux molécules ne peuvent occuper à la fois le même espace : Ex. : Un clou qui pénètre dans le bois, écarte les molécules du bois, mais là où est le clou, il n'y a plus de bois. — Prenons une tasse pleine d'eau ; plongeons à l'intérieur un corps quelconque, un caillou par exemple. Le caillou rentrera bien dans l'eau, mais une certaine quantité d'eau, représentant exactement le volume du caillou, devra sortir du vase pour lui faire place.

Porosité. — Nous savons tous qu'en prenant à la main une éponge neuve, et en la serrant suffisamment, l'éponge diminue notablement de volume. Eh bien ! tous les corps sont ainsi compressibles, plus ou moins bien entendu.

Pour expliquer ce phénomène, on a été obligé d'admettre que les différentes molécules dont tout corps est composé ne se touchaient pas dans toutes leurs parties, qu'elles étaient séparées par des vides, nommés *pores*. Ces vides, tout en étant extrêmement petits, sont cependant de dimensions plus considérables que les molécules du même corps. Donc, lorsque l'on comprime un corps, les molécules de ce dernier se rapprochent, en comblant plus ou moins les vides intermoléculaires.

La *porosité* est la propriété qu'ont les corps d'avoir des pores.

Contraction. — Remplissons en partie d'eau une éprouvette. Sur ce liquide, versons doucement de l'alcool, de façon à remplir le vase. L'alcool, plus léger que l'eau, surnage, ce que l'on voit très bien, si l'on a eu la précaution de le colorer ou de colorer l'eau. Fermons le tube et agitons. Lorsque cette opération est terminée, on remarque qu'un vide notable existe dans le tube bien qu'aucune goutte ne se soit échappée. C'est tout simplement qu'une certaine quantité d'alcool a pénétré dans les vides intermoléculaires de l'eau. On dit alors qu'il y a eu contraction.

Cette expérience est connue sous le nom d'*Expérience de Réaumur.*

Absorption des gaz. — C'est surtout avec les gaz que se manifeste l'absorption des liquides. Ainsi, si l'on fait dissoudre 600 litres de gaz ammoniac dans 1 litre d'eau, on recueillera non 601 litres, mais 1 litre et à peine quelques centilitres.

Dans le monde organique, les pores existent, et contribuent en grande partie à l'entretien de la vie : les stomates des feuilles, qui se trouvent dans le lilas au nombre de plus de 20.000 par centimètre carré ; les pores des œufs par où respirent les oiseaux, durant la période d'incubation ; les pores de la peau servant d'organe respiratoire et d'évacuation de la sueur ; les vaisseaux d'une branche d'arbre coupée, en sont autant d'exemples.

On cite souvent une expérience célèbre faite en 1861 par les savants de Florence, pour démontrer la porosité de l'or.

Une sphère d'or creuse fut entièrement remplie d'eau, puis fermée hermétiquement. On la soumit alors à une forte pression pour en diminuer le volume, et l'on vit l'eau suinter en fine rosée, à travers son enveloppe de métal. L'or est donc poreux.

La fonte est un corps particulièrement poreux. Cela explique pourquoi, dans les machines, lorsqu'un corps de pompe doit contenir de l'eau fortement comprimée, on la double d'une chemise en bronze, moins facile à traverser. Les pierres, le marbre même, sont poreux. Le charbon l'est beaucoup.

Une très belle expérience le prouve. On fait bouillir une dissolution d'ammoniaque dans un ballon en verre, et le gaz ammoniac dégagé est recueilli (fig. 1) dans une éprouvette pleine de

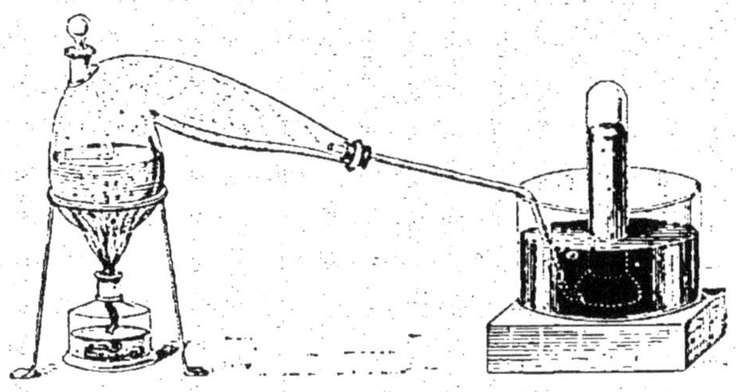

Fig. 1.

mercure. Quand on a recueilli une certaine quantité de gaz, ce que l'on reconnait à l'abaissement du mercure dans l'éprouvette, on introduit dans cette dernière partie un morceau de charbon de bois. Le charbon monte à la surface du mercure, et peu à peu, on voit l'éprouvette se remplir. Ce phénomène s'est produit tandis que le charbon absorbait le gaz ammoniac. Le charbon peut absorber ainsi environ 100 fois son volume de ce gaz. De là ressort, d'ailleurs, la très grande utilité du charbon, pour assainir les eaux de puits, les fosses d'aisance, etc., le charbon s'imprégnant des matières gazeuses infectes.

On fait parfois usage de la porosité dans les machines, lorsqu'on se sert d'un cône en bois pour faire joint, soit sur l'extrémité d'un tuyau d'eau, soit pour remplacer un rivet de chaudière, soit encore dans les presse-étoupes des tubes de certains condenseurs. L'eau fait gonfler le bois, qui ferme alors très hermétiquement l'orifice dans lequel on l'a introduit.

Les portes qui coincent l'hiver nous montrent en même temps un inconvénient de la porosité.

Inertie. — L'inertie est une propriété de la matière, en vertu de laquelle un corps ne peut de lui-même modifier son état de mouvement ou de repos. (On appelle mouvement tout déplacement d'un corps ; — un corps sans déplacement est dit au repos.)

La matière possède encore d'autres propriétés. Les quatre suivantes, tout en étant moins essentielles que celles que nous venons d'étudier, ont cependant une grande importance : ce sont la *divisibilité*, la *compressibilité*, la *dilatabilité*, l'*élasticité*.

Divisibilité. — Théoriquement la matière est divisible à l'infini, c'est-à-dire que l'esprit conçoit toujours un degré de division au-delà de celui qui est déjà atteint. Dans l'ordre des faits, nous l'avons vu, la matière cesse à un certain moment d'être divisible.

Néanmoins, la divisibilité réelle, même limitée, dépasse fort souvent la portée de notre imagination. Ex. : *Feuilles d'or et fils métalliques. Fil de Wollaston.*

L'or peut se réduire en feuilles très minces ; on arrive à obtenir des feuilles n'ayant pas plus de 1/1500e de millimètre d'épaisseur. Les galons d'or se font avec des fils de soie enveloppés de fils d'argent doré. Pour obtenir ces fils dorés, on recouvre d'une mince couche d'or une petite baguette d'argent, que l'on fait passer à travers les trous, de plus en plus petits, d'une filière.

Le métal se rapetisse ainsi et s'allonge, jusqu'à devenir aussi fin qu'un cheveu. Avec un centigramme d'or recouvrant une baguette de quelques grammes, on peut obtenir des fils parfaitement dorés de plusieurs kilomètres de longueur.

Le platine peut se réduire en fils encore plus petits par le procédé *Wollaston*. On prend un cylindre d'argent percé longitudinalement d'un canal suivant son axe. Dans ce canal, on place un fil de platine. Le tout est alors passé à la filière comme précédemment. Le fil de platine s'allonge de la même quantité. Le fil complexe obtenu est placé dans l'eau forte qui dissout l'argent et non le platine. Le fil de platine restant n'a pas alors plus de 1/1200e de millimètre de diamètre. Aussi est-il impossible de l'apercevoir autrement qu'en le chauffant au rouge. Un centigramme de ce métal peut être ainsi allongé jusqu'à plusieurs centaines de mètres.

Ce fil coupé en parties de longueur égale à celle du cylindre primitif nous donnerait une idée, par la quantité de morceaux obtenus, de la limite jusqu'à laquelle dans ce cas la divisibilité aurait été poussée.

Enfin, comme exemple de divisibilité, nous pouvons citer le musc, qui, placé dans une chambre aérée, peut y répandre une odeur très forte pendant souvent des années entières.

Compressibilité. — C'est la propriété, que nous connaissons déjà, qu'ont les corps de diminuer de volume, quand on exerce sur eux des pressions. Les pores, dans ce cas, diminuent de volume par le rapprochement des molécules.

Dilatabilité. — C'est la propriété que possèdent les corps d'augmenter de volume, le plus souvent sous l'action de la chaleur.

Elasticité. — C'est un phénomène en vertu duquel tout corps ayant été soumis à une déformation peut reprendre exactement son volume primitif. Tous les corps sont plus ou moins élastiques.

L'ivoire est très élastique : en effet, laissons tomber une boule d'ivoire sur une table d'acier recouverte d'une légère couche d'huile. Après le choc, on remarque une trace qui est une petite circonférence, indiquant que la sphère d'ivoire s'est aplatie

D'autre part, on peut se rendre compte que nulle trace du choc ne subsiste sur la bille. C'est donc que l'ivoire après avoir été aplati a repris exactement sa forme primitive.

Certains métaux sont également très élastiques, mais nous verrons, en mécanique, que l'élasticité a une limite qu'il ne faut pas dépasser sous peine de déformer les corps d'une façon permanente.

Différents états de la matière

La matière se présente à nous sous trois états principaux qui sont : l'*état solide*, l'*état liquide* et l'*état gazeux*. On leur adjoint souvent un quatrième état, intermédiaire à l'état solide et à l'état liquide, et qu'on nomme l'*état pâteux*.

En général, un corps est susceptible de pouvoir affecter ces quatre états dans l'ordre précédent.

Etat solide. — Cet état est caractérisé par la grande attraction que possèdent entre elles les molécules du corps. Ce dernier a un volume sensiblement constant et une forme bien déterminée. Ex. : un caillou.

Etat pâteux. — Les molécules ne s'attirent plus que faiblement. Le corps prend peu à peu la forme du vase dans lequel on le place. Ex. : de la mélasse.

Etat liquide. — L'attraction entre les molécules est devenue si faible, que celles-ci peuvent glisser les unes sur les autres avec la plus grande facilité. Le corps prend alors rapidement la forme du vase dans lequel on le place.

Etat gazeux. — L'attraction des molécules se change en répulsion. Aussi, les gaz tendent-ils toujours à occuper le plus grand volume possible. On exprime cette propriété en disant que les gaz sont expansibles. Ex. : l'air.

Nota. — Les liquides qui ont pris l'état gazeux portent le nom de *vapeurs.*

Les liquides, les vapeurs et les gaz sont généralement désignés sous le nom de fluides.

Expérience. — La grande expansibilité des gaz peut être mise en évidence au moyen de l'expérience suivante: Considérons (fig. 2) une cloche pleine d'air et à l'intérieur de laquelle se trouve une vessie fermée et presque dégonflée. Faisons le

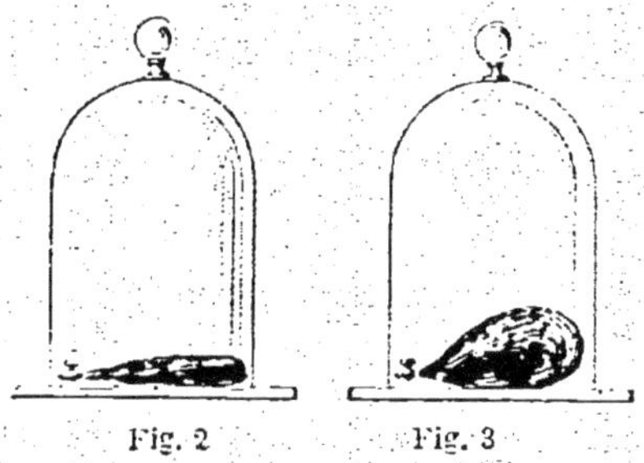

Fig. 2 Fig. 3

vide dans la cloche. Au fur et à mesure que l'air est extrait, la pression sur la vessie diminuant, on voit celle-ci se gonfler de plus en plus, sous l'expansion de la très petite quantité d'air qu'elle contenait (fig. 3).

Lorsque la vessie est ramenée à l'air libre, elle s'aplatit de nouveau.

CHAPITRE II

NOTIONS DE MÉCANIQUE

Mouvement uniforme. — On appelle mouvement uniforme un mouvement particulier dans lequel le corps qui se meut parcourt des espaces égaux dans des temps égaux quelque petits que soient ces temps.

Vitesse. — On appelle vitesse dans un mouvement uniforme l'espace parcouru pendant l'unité de temps.

En désignant par E l'espace parcouru par un corps partant du repos, au bout d'un temps t compté à partir de l'origine du temps, on a, si V est la vitesse du mobile :

$$E = Vt$$

Autrement dit, l'espace parcouru est proportionnel au temps employé à le parcourir.

Mouvement uniformément varié. — C'est un mouvement dans lequel la vitesse du mobile augmente ou diminue de quantités proportionnelles au temps. La quantité dont la vitesse augmente ou diminue dans l'unité de temps, quantité constante d'après la définition précédente, porte le nom d'*accé-*

lération. Elle est positive dans le 1er cas et négative dans le second.

En désignant par V_0 la vitesse à l'origine du temps, V la vitesse au bout du temps t compté à partir du temps zéro, γ l'accélération, on a les formules

$$V = V_0 \pm \gamma t \qquad (1)$$

$$E = V_0 t \pm \frac{1}{2} \gamma t^2 \qquad (2)$$

L'accélération se désigne en effet par + ou — γ suivant qu'elle est positive ou négative.

Lorsque le corps part du repos, la vitesse initiale V_0 est nulle et les formules deviennent :

$$V = \gamma t \qquad (3)$$

$$E = \frac{1}{2} \gamma t^2 \qquad (4)$$

Forces. — On appelle force, toute cause capable de produire ou de modifier l'état de repos ou de mouvement d'un corps.

Une force se représente par un vecteur terminé par une flèche. Ex. : la force F (fig. 4).

Le point A, où la force est directement appliquée, est son

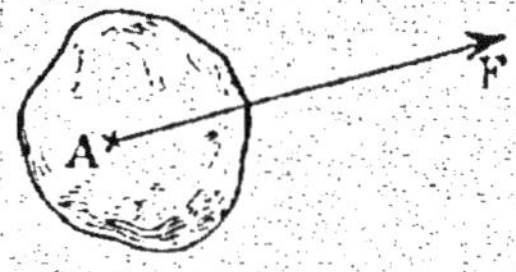

Fig. 4.

point d'application. Le vecteur AF représente la *direction* de la force. La flèche indique le sens dans lequel cette force agit et la longueur du vecteur représente à une certaine échelle l'*intensité* de la force.

Les forces se mesurent au moyen d'appareils appelés pesons ou dynamomètres. (On admet en effet que les forces qui produisent les mêmes effets dans les mêmes conditions sont égales.)

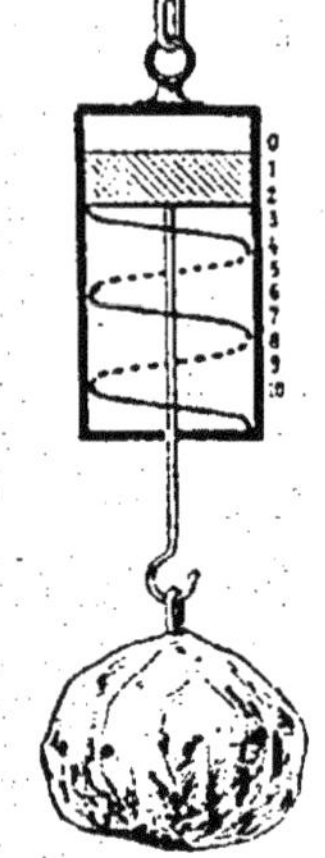

Fig. 5.

Imaginons alors (fig. 5) un appareil composé d'un cylindre dans lequel se trouve un ressort à boudin. Sur ce ressort appuie un petit piston portant une tige qui passe dans le fond du cylindre, et terminée par un crochet.

Si l'on suspend des poids différents au crochet, le piston fera plus ou moins fléchir le ressort, et nous pourrons toujours marquer sa position pour un certain poids connu suspendu au crochet. On pourra par exemple suspendre des poids variant de 1 à 10 kilogrammes. Quand, avec cet appareil, on voudra connaître le poids d'un corps quelconque, mais non supérieur à 10 kilogrammes, il suffira de le suspendre au crochet, et de lire la position graduée en face la position du disque.

Indépendance des effets des forces. — Quand plusieurs forces agissent sur un même corps, chaque force agit comme si elle était seule.

L'action d'une ou de plusieurs forces sur un corps ne dépend d'ailleurs nullement de l'état de mouvement ou de repos du corps. En particulier, une force constante a pour effet d'imprimer au corps sur lequel elle agit un mouvement uniformément varié.

Proportionnalité des forces aux accélérations. — Quand plusieurs forces constantes agissent successivement sur un même corps, elles sont directement proportionnelles aux accélérations qu'elles communiquent à ce corps.

En effet, soit γ l'accélération communiquée à un corps par une force constante F, γ' l'accélération communiquée au même corps par la force F'.

Soit f une commune mesure contenue par exemple m fois dans F et n fois dans F'. On a :

$$\begin{matrix} F = mf \\ F' = nf \end{matrix} \quad \text{d'où} \quad \frac{F}{F'} = \frac{m}{n} \qquad (1)$$

Chacune des forces f produit une accélération j telle que $\gamma = mj$ et $\gamma' = nj$.

d'où
$$\frac{\gamma}{\gamma'} = \frac{m}{n} \qquad (2).$$

Par suite en comparant (1) et (2) on voit que

$$\frac{F}{F'} = \frac{\gamma}{\gamma'} \text{ ou } \frac{F}{\gamma} = \frac{F'}{\gamma'}$$

En désignant par F, F', F" ... etc., des forces constantes, γ, γ', γ'' ... etc., les accélérations communiquées par chacune de ces forces à un certain corps, on aurait

$$\frac{F}{\gamma} = \frac{F'}{\gamma'} = \frac{F''}{\gamma''} \dots \text{etc.}$$

Composition des forces. — Deux forces concourantes ou parallèles peuvent, hormis le cas où elles sont parallèles, de sens contraire et égales, se remplacer par une seule qu'on appelle résultante. Les forces considérées portent le nom de composantes.

Ainsi (fig. 6) les deux forces OF et OF', qui sont concourantes au point O, ont pour résultante la force OR, cette dernière étant la diagonale du parallélogramme construit sur les deux autres forces.

Lorsque plus de deux forces sont concourantes au même

point, on en compose d'abord deux comme nous venons de le faire, puis la résultante de ces deux avec une des autres et ainsi de suite jusqu'à n'avoir plus qu'une seule

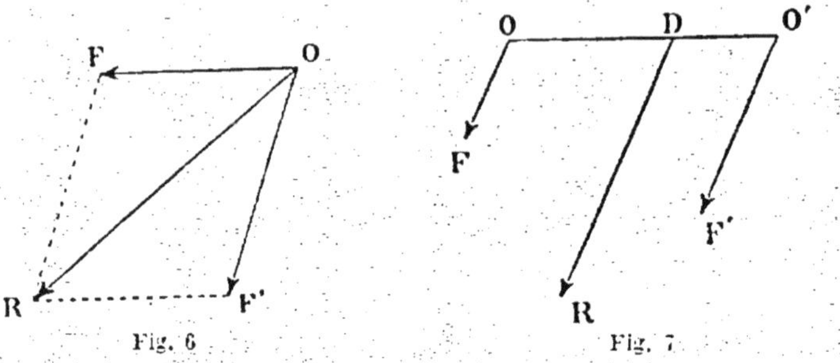

Fig. 6 Fig. 7

force qui est la résultante de toutes les autres.

Si les deux forces OF, O'F' sont parallèles et de même sens, la résultante est parallèle à leur direction, agit dans le même sens, est égale à leur somme, et son point d'application divise la droite qui joint les points d'application des deux forces données en segments additifs inversement proportionnels à ces forces (fig. 7).

$$R = F + F' \quad \text{et} \quad \frac{DO'}{DO} = \frac{F}{F'}$$

ce qui peut s'écrire $\frac{F}{DO'} = \frac{F'}{DO} = \frac{F + F'}{DO + DO'} = \frac{R}{OO'}$

Cas d'un nombre quelconque de forces parallèles. — Pour composer plusieurs forces parallèles, on en compose d'abord deux quelconques, puis la résultante trouvée avec une des autres forces et ainsi de suite jusqu'à n'obtenir qu'une seule résultante.

La résultante finale est égale à la somme algébrique des forces, et agit dans leur direction. Le point d'application de cette résultante est indépendant de la direction commune des forces. Il porte le nom de *Centre des forces parallèles*.

Il arrive parfois que l'on ne trouve pas de résultante unique mais un système de deux forces égales, parallèles et de sens contraire, c'est-à-dire un *couple*.

Equilibre. — Si des forces en nombre quelconque, appliquées à un corps, ne troublent ni son état de repos, ni son état de mouvement, on dit qu'elles se font équilibre.

Pesanteur. — La pesanteur est une force qui tend à entraîner tous les corps vers le centre de la terre.

Cette force est ce qu'on appelle le poids du corps.

Tous les corps sont pesants. — Si nous laissons choir un caillou que nous tenons à la main, nous disons communément que le caillou tombe. Si, au contraire, nous regardons la fumée qui sort d'une cheminée, nous la voyons s'élever dans les airs. Cependant tous les corps sont pesants et devraient tomber. Si la fumée monte cela tient à la couche d'air qui entoure notre globe. C'est le même phénomène qui se produit si nous lâchons un morceau de liège entre deux eaux : le liège ne tombera pas au fond, mais remontera à la surface.

On peut, pour montrer la résistance de l'air, faire la petite expérience suivante :

Découpons une rondelle de papier du diamètre d'une pièce de dix centimes; plaçons l'un sur l'autre les deux disques égaux, mais le papier au-dessus. Nous verrons arriver les deux corps à terre en même temps. L'air, en effet, a été déplacé par la pièce de monnaie, et ne s'est plus opposé à la chute du papier, qui dans tout autre cas serait tombé très lentement.

Verticale. — La verticale est la direction que suivent les corps en tombant.

Tout le monde sait ce que c'est qu'un fil à plomb; ce fil nous donne la direction de la verticale et par suite celle des corps qui tombent.

Principe. — *La verticale est perpendiculaire à la surface des eaux tranquilles.*

Pour démontrer expérimentalement ce principe, on immerge le fil à plomb suspendu à une potence dans un vase plein d'eau, et, avec une équerre, on se rend compte que l'angle du fil et de la surface de l'eau est de 90° (fig. 8).

Le niveau des maçons est également une application du fil à

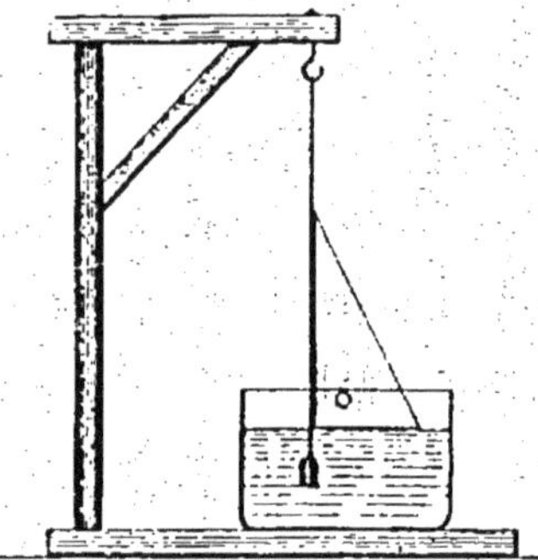

Fig. 8.

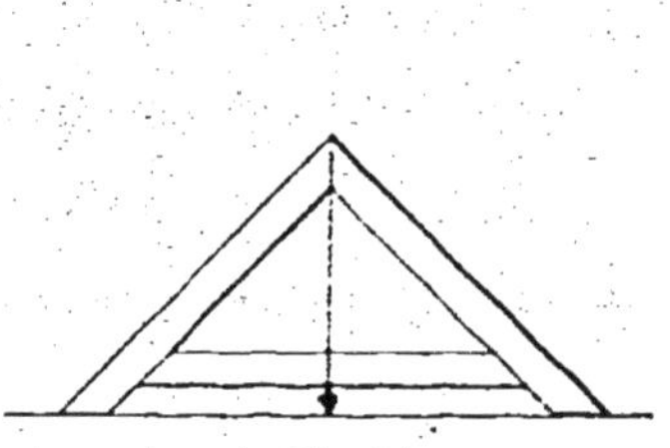

Fig. 9.

plomb (fig. 9). Il se compose de deux pièces de bois d'égale longueur ajustées suivant un certain angle et réunies par une traverse, ce qui fait que l'appareil affecte la forme d'un triangle isocèle.

Un trait est marqué au milieu de la traverse et un fil à plomb pend du sommet de l'angle. Quand les deux pieds du niveau reposent sur une surface horizontale, le fil à plomb passe juste par le milieu de la traverse, et correspond au trait qui s'y trouve tracé.

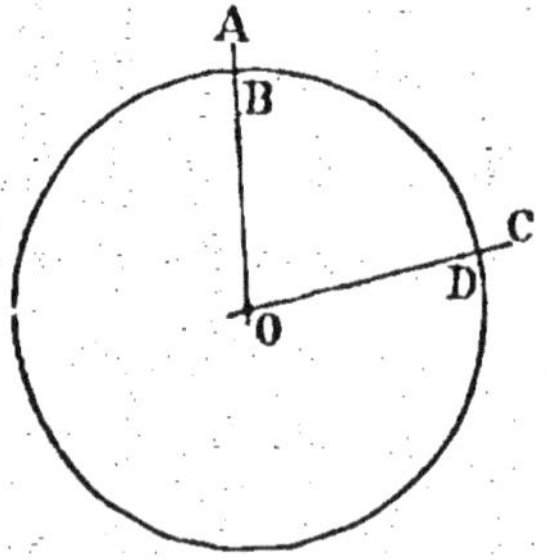

Fig. 10.

Remarque. — Considérons deux verticales quelconques, AB, CD, en deux points de la terre assez éloignés l'un de l'autre. Par définition, ces deux verticales se rencontrent au point O, centre de la terre (fig. 10). Leurs directions ne sont pas parallèles ; cependant, quand on opère en des points voisins l'un de l'autre, on admet que les verticales de ces points sont parallèles.

Antipodes. — Deux points de la surface de la terre, diamétralement opposés, portent le nom d'antipodes.

Il est évident d'ailleurs qu'en quelque point de la surface de la terre qu'ils se trouvent, les corps sont soumis à l'attraction du centre, ce qui fait qu'un Français et un habitant de la Nouvelle-Zélande, tout en ayant tous deux les pieds tournés vers le centre de la terre, ne s'aperçoivent nullement de cette position, qui nous semblerait impossible sans la connaissance de l'attraction.

Chute des corps dans le vide. — *Dans le vide tous les corps tombent également vite.*

La petite expérience que nous avons faite au moyen de la pièce de 10 centimes est déjà capable de nous faire comprendre ce principe. La démonstration, cependant, en est beaucoup plus nette, grâce au tube de Newton. Cet appareil est un gros tube en verre de 2 mètres environ de longueur dans lequel se trouvent de menus objets de poids, de volume, de nature très différents, par exemple des grains de plomb, des billes de liège, des barbes de plume, des morceaux de papier (fig. 11).

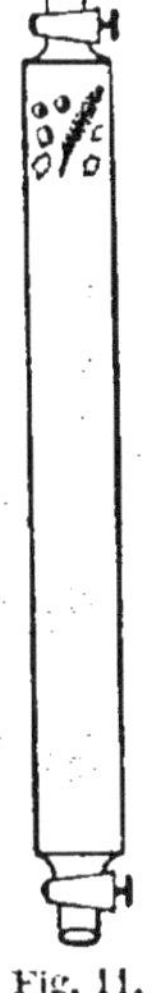
Fig. 11.

Ce tube est fermé aux deux bouts, mais l'une des extrémités au moins est munie d'un robinet qui permet d'en extraire l'air au moyen d'un appareil spécial dit machine pneumatique, puis d'isoler le tube. Si, alors, on renverse brusquement ce dernier, on voit les corps arriver tous ensemble à l'autre extrémité de l'appareil. L'expérience terminée, on laisse rentrer de l'air dans le tube, et, en la recommençant, on se rend compte que la durée de la chute est très différente pour tous ces corps.

Accélération de la pesanteur. — Considérons un corps tombant librement dans l'espace. On démontre expérimentalement qu'au bout d'une seconde sa vitesse est égale à 981 centimètres, qu'au bout de deux secondes elle est de 981 × 2, au bout de trois secondes, 981 × 3 ..., etc.

La quantité 981 est, d'après ce que nous avons vu, l'accélération de la force « pesanteur ».

On la désigne généralement par la lettre g.

Cette accélération, en raison de la forme de notre globe, doit varier d'un point à l'autre. La terre, en effet, est aplatie aux pôles et renflée à l'équateur. Donc, d'après le principe de l'attraction universelle, on peut concevoir que les corps qui se trouvent à l'équateur, étant plus éloignés du centre de la terre que ceux qui se trouvent aux pôles, seront attirés avec moins de force.

On a trouvé, pour valeurs de l'accélération: pôles : 983 centimètres ; Paris, 981 centimètres ; équateur, 978 centimètres.

Travail. — On dit qu'il y a travail produit par une force lorsque le point d'application de cette force a parcouru, sous sa propre action, un certain chemin. Le travail est toujours égal au produit de la force par le chemin parcouru, *dans la direction de la force.*

Masse d'un corps. — On appelle masse d'un corps le rapport qui existe entre une force constante agissant sur ce corps et l'accélération qu'elle lui imprime.

En particulier, la masse d'un corps est égale au rapport qui existe entre le poids de ce corps et l'accélération du lieu où l'on se trouve.

$$M = \frac{P}{g} = \frac{P'}{g'} = \frac{P''}{g''} \dots, \text{ etc.}$$

A l'encontre du poids qui varie en tous les points de la terre, la masse est une quantité rigoureusement constante.

Loi de l'attraction. — Newton a fait rentrer la pesanteur dans la célèbre loi suivante qu'il a énoncée :

Dans la nature, tous les corps s'attirent en raison directe de leur masse et en raison inverse du carré de leur distance.

Cette attraction s'exerce réciproquement entre le globe terrestre tout entier et les corps placés à sa surface. Tel est le motif qui fait revenir à la surface du globe les objets momentanément écartés. Tomber, c'est donc être, pour nous, attiré vers le centre de la terre.

Centre de gravité.— On appelle centre de gravité le point par où passe constamment la résultante des forces que la pesanteur exerce sur les différentes molécules du corps quelle que soit la position occupée par ce corps.

Les différentes forces dues à la pesanteur peuvent être considérées comme parallèles si le corps est de faibles dimensions; les forces sont d'ailleurs toutes égales dans le cas d'un corps homogène.

Détermination du centre de gravité. — Dans le cas de figures géométriques, le centre de gravité se trouve sur les

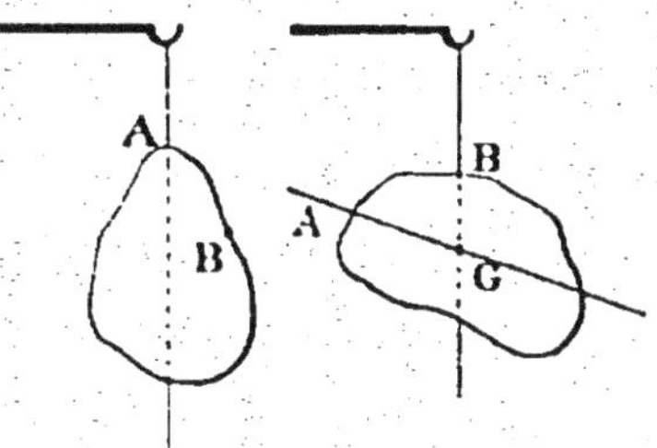

Fig. 12.

différents plans diamétraux et axes de symétrie, ou au centre de la figure lorsque cette dernière en a un.

Dans le cas d'une surface, on peut trouver pratiquement le centre de gravité du corps en le suspendant par deux points et traçant dans les deux cas la direction de la pesanteur. La rencontre de ces deux lignes quand le corps est en équilibre donne la position du centre de gravité G (fig. 12).

Ce procédé peut être appliqué aux volumes, mais il est impraticable quand le centre de gravité se trouve à l'intérieur de la matière.

Equilibre d'un corps ayant un point fixe. — On distingue dans ce cas trois genres d'équilibre.

1° *Equilibre stable.* — Le corps, dérangé aussi peu que l'on voudra de sa position primitive, est sollicité par des forces qui tendent à l'y ramener.

2° *Equilibre instable.* — Le corps dérangé de sa position tend à s'en éloigner.

3° *Equilibre indifférent.* — Le corps est en équilibre dans toutes les positions.

1° Soit (fig. 13) un balancier d'horloge OA écarté de sa position d'équilibre (verticale OV). En g', centre de gravité du balancier, agit le poids du corps F force verticale.

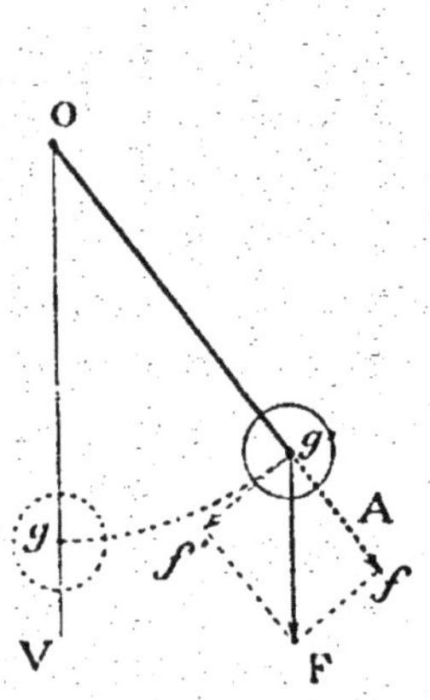

Fig. 13.

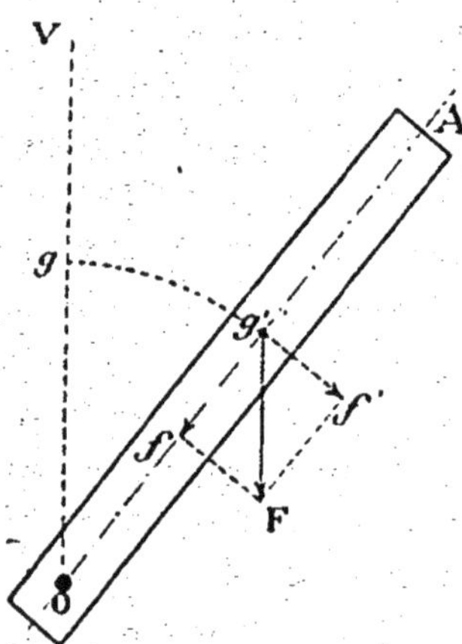

Fig. 14.

Cette dernière peut se décomposer en deux autres : l'une f suivant l'axe du balancier, l'autre f' normale à cet axe. La force f est détruite par la rigidité de l'axe ; seule la force f' exerce une action efficace et tend, comme l'indique la figure, à ramener le balancier dans sa position d'équilibre. Cet équilibre est donc stable.

On peut remarquer que dans ce cas le centre de gravité du corps est au-dessous du point fixe.

2° Soit une règle à dessin occupant par rapport à la position verticale d'équilibre OV la position OA (fig. 14).

En g', centre de gravité de la règle, agit la force F, représentant le poids du corps. Cette force peut se décomposer suivant l'axe et la normale à l'axe en deux autres forces f et f'. Comme précédemment, on voit que seule la force f' agit efficacement sur la règle et tend à l'éloigner de sa position d'équilibre.

Cet équilibre est par suite instable et l'on voit que le centre de gravité du corps se trouve au-dessus du point d'appui.

3° Considérons une sphère reposant sur un plan horizontal (fig. 15).

La géométrie nous apprend que la sphère n'a avec le plan qu'un seul point commun.

La direction de la pesanteur passe par ce point, puisque tout rayon perpendiculaire au plan tangent passe par le point de tangence.

Par suite la force F représentant le poids de la sphère est

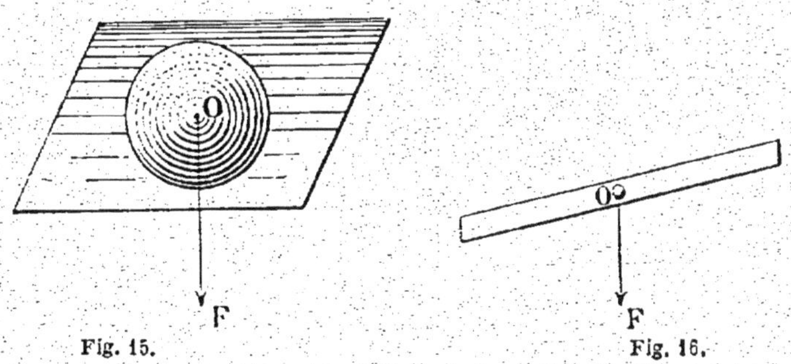

Fig. 15. Fig. 16.

détruite par la résistance du plan et la sphère se trouve en équilibre indifférent. L'équilibre a lieu évidemment dans n'importe quelle position. On remarque que le centre de gravité est toujours à la même distance du point fixe. Une règle à dessin suspendue par son milieu nous donne un autre exemple d'équilibre indifférent dans lequel le centre de gravité se trouve sur le point fixe (fig. 16).

Levier. — On appelle levier un corps quelconque ayant un point fixe et sur lequel deux forces agissent pour le faire tourner en sens contraire.

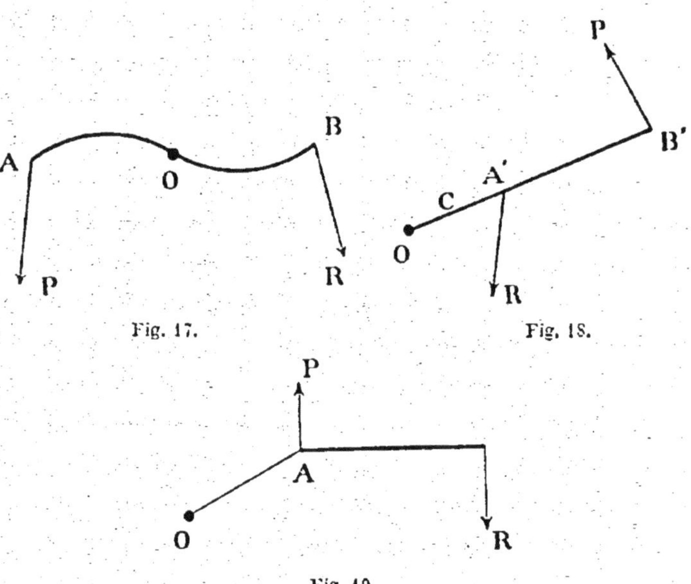

Fig. 17. Fig. 18.

Fig. 19.

Le levier est dit du premier genre lorsque le point d'appui est situé entre la puissance et la résistance.

Ex. : AB (fig. 17), O est le point d'appui, P l'une des forces portant le nom de puissance, R l'autre force ou résistance.

Le levier est du deuxième genre lorsque le point d'appui est en dehors des deux autres forces, mais du côté de la résistance. Ex. : O A'B' (fig. 18).

Enfin, le levier de la figure 19, dans lequel le point d'appui est en dehors des deux forces, mais du côté de la puissance, est un levier du troisième genre.

Equilibre du levier. — Pour qu'un levier soit en équilibre, il faut que les forces agissantes soient en raison inverse de leur bras de levier (le bras de levier d'une force est la distance de cette force au point fixe).

Si les deux forces sont parallèles et de sens contraire, la résultante est égale à leur différence, est parallèle à leur direction, agit dans le sens de la plus grande et son point d'application divise la droite qui joint les points d'application des deux forces données en deux segments soustractifs inversement proportionnels à ces forces.

On a donc (fig. 20)

$$R = F - F'$$

$$\frac{DO'}{DO} = \frac{F}{F'}$$

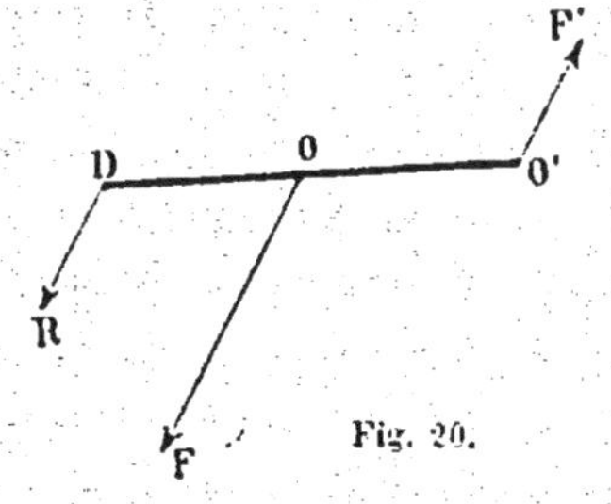

Fig. 20.

ce qui peut s'écrire

$$\frac{F}{DO'} = \frac{F'}{DO} = \frac{F - F'}{DO' - DO} = \frac{R}{OO'}$$

Couple. — Dans le cas particulier où les deux forces sont égales, parallèles et de sens contraire, le système formé porte le nom de couple (fig. 21).

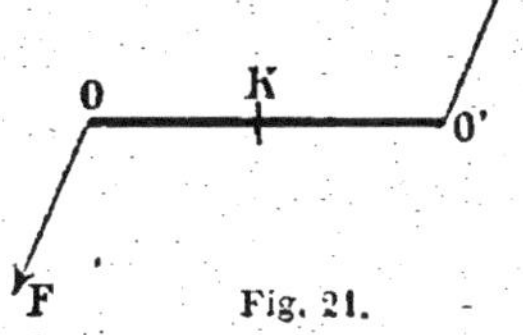

Fig. 21.

L'effet d'un couple est de faire tourner la barre autour de l'axe K qui serait fixé au milieu de la droite OO' réunissant les points d'application des forces.

Cherchons la résultante de ce système en lui appliquant les formules trouvées pour le cas des forces parallèles et de sens contraire. On a :

$$R = F - F' = 0$$

$$OD = OO' \times \frac{F'}{F - F'} = \frac{OO' \times F'}{0} = \infty$$

C'est-à-dire que la résultante des forces FF' est nulle et que son point d'application est à l'infini, ce qui fait qu'en réalité cette résultante est indéterminée.

L'effet du couple FF' est donc bien de faire tourner la droite OO' autour du point K, milieu de cette droite.

Bras de levier d'un couple. — On nomme ainsi la distance l des deux forces (fig. 22).

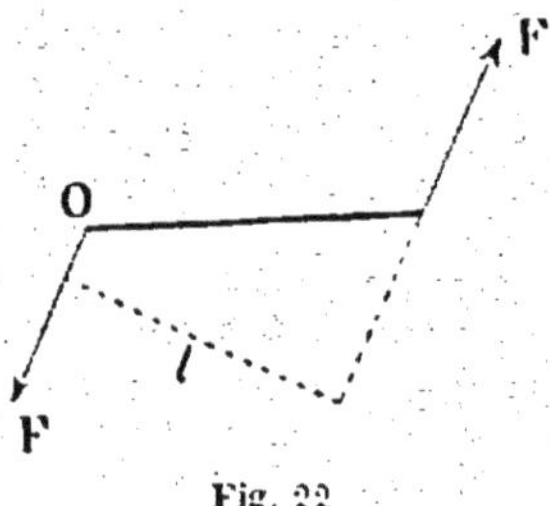

Fig. 22

Moment d'un couple. — On appelle moment d'un couple par rapport à un point pris dans son plan, le produit constant de l'intensité de l'une des forces par le bras de levier du couple.

Le moment du couple précédent est Fl.

Action et réaction. — Chaque fois qu'une force agit sur un corps par l'intermédiaire d'un autre corps, le second reçoit du premier une action égale et de sens contraire à la force. Cette seconde action se nomme réaction.

C'est ce qu'on exprime simplement en disant que *l'action est égale et de sens contraire à la réaction.*

Chute des corps. — Le mouvement d'un corps qui tombe dans le vide, est uniformément accéléré. On a donc :

Si le corps est lancé avec une vitesse initiale V_0

$$V = V_0 \pm gt \qquad (1)$$

$$E = V_0 t \pm \frac{1}{2} gt^2 \qquad (2)$$

Lorsqu'il tombe sans vitesse initiale, on a :

$$V = gt \qquad (3)$$

$$E = \frac{1}{2} gt^2 \qquad (4)$$

Dans le premier cas le signe + convient aux corps lancés vers le bas et le signe — aux corps lancés vers le haut.

Détermination du poids et de la masse d'un corps. — Le poids d'un corps se détermine, comme toute espèce de force, au moyen d'un dynamomètre.

Balances. — Les balances sont des machines simples fondées sur le principe du levier, et destinées à faire connaître le poids ou la masse des corps.

Balance ordinaire ou balance à plateaux (fig. 23). — La balance ordinaire se compose d'un levier du premier genre appelé fléau, mobile autour d'un axe fixé en son milieu et supportant à ses extrémités des plateaux ou bassins destinés à recevoir les corps dont on veut comparer les poids. L'axe qui porte le fléau est un petit prisme triangulaire en acier trempé qui repose par son arête inférieure, nommée couteau, sur des plaques en acier trempé parfaitement polies et disposées dans un même plan horizontal de part et d'autre du fléau, à la partie supérieure de la colonne qui supporte l'appareil. Chaque extrémité du fléau porte aussi un couteau sur lequel s'appuie le crochet de suspension de chacun des plateaux. La pointe d'une aiguille

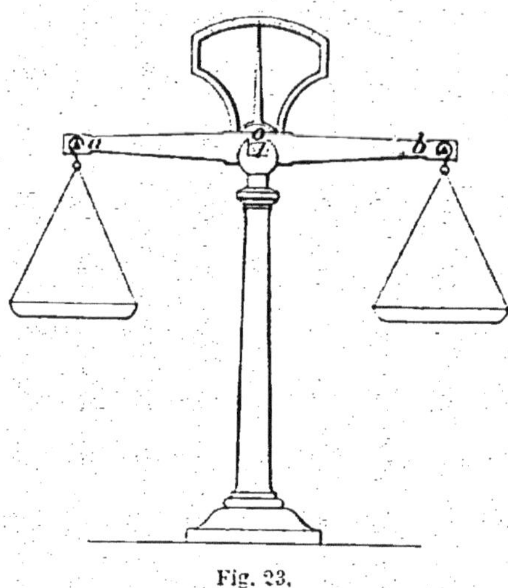

Fig. 23.

fixée perpendiculairement au fléau et en son milieu, se meut sur un axe gradué, fixé lui-même au support de la balance, et dont le milieu indique le point où doit se trouver l'aiguille quand les bassins sont chargés de poids égaux.

Pour être bonne, une balance doit être juste, stable et sensible.

Conditions de justesse d'une balance. — On dit qu'une balance est juste lorsqu'à vide, ou sous l'influence de poids égaux mis dans chacun des plateaux, l'index du fléau se maintient au milieu de la graduation. Pour réaliser cette condition de justesse :

1° Les deux bras du fléau comptés à partir de l'axe de rotation doivent être égaux et de même poids et les deux plateaux eux aussi rigoureusement égaux ;

2° Les trois axes de suspension a, o, b doivent être parallèles et dans le même plan et les points a, o, b, en ligne droite ;

3° Le centre de gravité du système doit se trouver sur la verticale qui passe par le point de suspension du fléau.

On conçoit en effet que si, dans ces conditions :

1° Le fléau non muni de plateaux est en équilibre, la droite Og est verticale (g est le centre de gravité du système et p le poids du fléau) (fig. 24).

2° Si nous attachons au fléau des plateaux de poids égaux, la résultante de ces deux poids rencontrera l'axe, sera détruite et par suite ne changera pas l'horizontalité du fléau ;

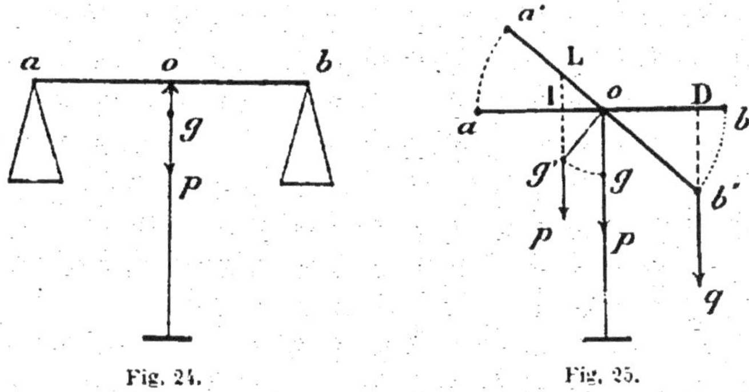

Fig. 24. Fig. 25.

3° De même si dans chacun des plateaux on met des poids égaux ;

4° Puisque la dernière opération effectuée n'a pas changé l'équilibre primitif du fléau, considérons ce dernier et chargeons-le en b d'un poids q (fig. 25).

Le fléau prend une nouvelle position d'équilibre a' b'.

Le centre de gravité du système passe de g en g' et, d'après les relations d'équilibre du levier, on peut écrire

$$p\text{OI} = q\text{OD}, \text{ soit } \frac{p}{q} = \frac{\text{OD}}{\text{OI}}$$

ou, en remarquant que $\frac{OD}{OI} = \frac{Ob'}{OL}$

$$\frac{p}{q} = \frac{Ob'}{OL} \quad \text{soit} \quad q = p\,\frac{OL}{Ob'}$$

Conditions de sensibilité. — Une balance est sensible lorsque, sous l'influence d'une faible charge additionnelle mise dans l'un des fléaux, l'angle d'écart est très grand.

q sera d'autant plus petit que : 1° p sera plus petit, c'est-à-dire que le poids du fléau sera moindre ;

2° Que OL sera plus petit, c'est-à-dire que le centre de gravité sera plus rapproché du point d'appui ;

3° Que Ob' sera plus grand.

Les bras du fléau devront donc être le plus grands possible.

Remarque. — Si le centre de gravité du fléau se trouvait sur l'arête d'appui, la balance chargée de poids égaux serait en équilibre dans toutes les positions du fléau ; et chargée de poids inégaux, celui-ci prendrait la position verticale. Une telle balance est dite indifférente et ne peut être d'aucun usage.

Si le centre de gravité était au dessous de l'arête d'appui, l'équilibre, supposé réalisé, serait instable et, à la moindre cause de dérangement, le fléau s'abaisserait sans osciller. Une telle balance est dite folle et doit être rigoureusement proscrite.

La sensibilité des balances du commerce ne doit pas être inférieure à $\frac{1}{2000}$ du poids maximum qu'elles peuvent peser.

Vérification des balances. — Les balances doivent être soumises à certaines épreuves, dont le but est de faire savoir si elles ont les qualités requises pour être mises en service.

Voici comment on procède à ces épreuves :

1° On s'assure que les appuis du fléau sont bien polis et disposés bien horizontalement ; que les couteaux sont également bien polis, bien droits, dans un même plan horizontal et perpendiculaires à l'axe longitudinal du fléau.

Puis on place le fléau seul et l'on voit si, étant en équilibre, l'extrémité de l'aiguille dont il est muni se trouve au milieu de l'arc gradué fixé au support — ce qui indique qu'il est horizontal. — On retourne ensuite le fléau bout pour bout et on doit retrouver l'aiguille dans la même position.

2e On met les plateaux en place, et il faut que l'aiguille se trouve encore au milieu de l'arc gradué. Puis on cherche expérimentalement le poids minimum qui fait trébucher le fléau. Ce poids indique la sensibilité de la balance. On s'assure que la sensibilité est la même pour tous les poids jusqu'au plus fort que la balance puisse peser

3o Enfin on fait une pesée ; puis on change de bassin les poids qui se font équilibre, et il faut qu'après cette transposition l'équilibre existe encore.

Cette épreuve a pour but de faire voir si les deux bras du fléau sont égaux, conditions indispensables à la justesse de la balance.

Peser juste avec une balance fausse. — Quand les conditions précédemment indiquées ne sont pas réalisées, la balance est dite fausse.

On peut cependant avec une telle balance trouver exactement la masse d'un corps, en utilisant une méthode due à

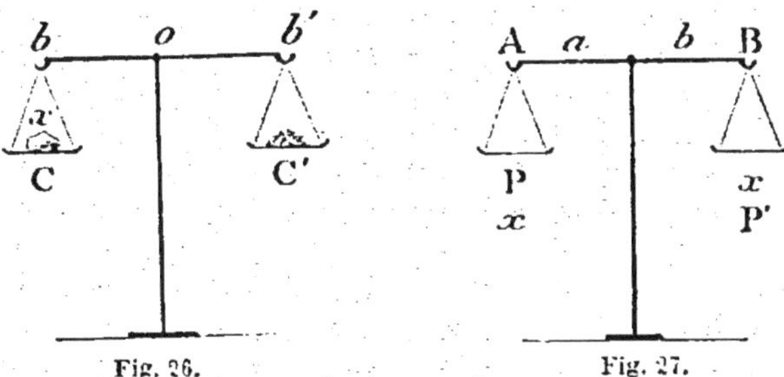

Fig. 26.

Fig. 27.

Borda et appelée *méthode des doubles pesées.* Soit x le corps à peser, placé dans le plateau C. Equilibrons ce corps en plaçant en C' de la grenaille de plomb par exemple (ce qui s'appelle faire la tare). En enlevant le corps, et en le remplaçant par des poids marqués, on aura la masse exacte du corps, puisque, *dans les mêmes conditions les poids et le corps font équilibre à une même quantité représentée par la grenaille.*

Méthode de Monge (fig. 27). — Soit x le corps à peser. Mettons-le dans le plateau B et faisons-lui équilibre dans le plateau A par des poids marqués ; d'après l'équilibre du levier on peut écrire

$$Pa = bx \qquad (1)$$

Faisons l'opération inverse et soient P' les poids marqués qui dans B équilibrent x.

On a encore $$P'b = ax \qquad (2)$$

Multiplions les équations (1) et (2) membre à membre : il vient $$PP'ab = abx^2$$

ou $$PP' = x^2 \text{ d'où } x = \sqrt{PP'}$$

En divisant (1) et (2) membre à membre on aurait le rapport des bras de levier : $\frac{Pa}{P'b} = \frac{bx}{ax}$

ou $$\frac{b^2}{a^2} = \frac{P}{P'} \quad \text{d'où} \quad \frac{b}{a} = \sqrt{\frac{P}{P'}}$$

Vernier. — Soit (fig. 28) une fraction de mètre AB gradué en centimètres et millimètres. Nous voulons avec cet instru-

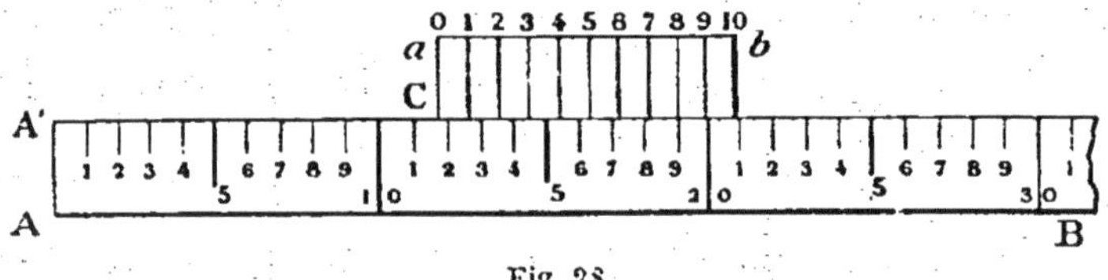

Fig. 28.

ment mesurer une longueur A'C à un dixième de millimètre près. Or on voit que A'C est égale à 11 millimètres et une fraction qu'on ne peut déterminer exactement à vue.

On y arrive en adjoignant à notre instrument de mesure une petite réglette *ab* de 9 millimètres de long et que l'on a divisée en 10 parties égales, de sorte que chaque division de la réglette vaut 9/10e de millimètre. Cette réglette est appelée *Vernier*, du nom de son inventeur. Faisons alors coïncider la division 0 du Vernier avec le point C et cherchons quelle est la division du Vernier qui correspond exactement avec l'une des divisions de la règle AB. Nous voyons que c'est la division 8.

Je dis alors que AC est égale à 11 millimètres 8 dixièmes.

En effet, la division 7-8 du Vernier laisse à gauche un intervalle de 1/10 entre son repère 7 et le repère 8 de sa règle ; puis un intervalle de 2/10 entre son repère 6 et le repère 7 de la règle; de même on trouverait de proche en proche que l'intervalle 0_v 1_r vaut 8/10.

C'est sur ce principe que sont basés les pieds à coulisse employés par les mécaniciens (fig. 29).

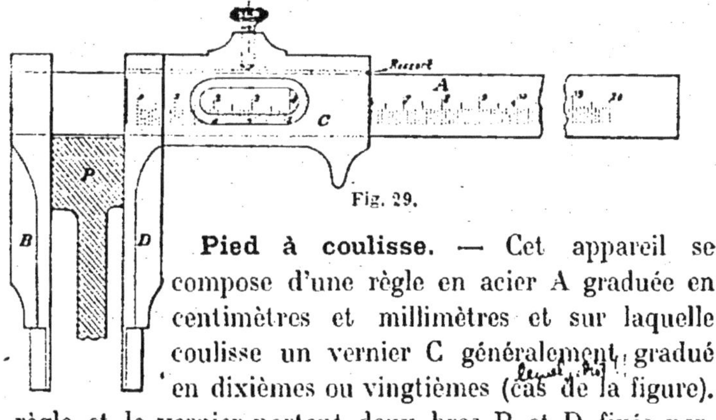

Fig. 29.

Pied à coulisse. — Cet appareil se compose d'une règle en acier A graduée en centimètres et millimètres et sur laquelle coulisse un vernier C généralement gradué en dixièmes ou vingtièmes (cas de la figure). La règle et le vernier portent deux bras B et D fixés perpendiculairement à l'axe de la règle.

Une vis permet de fixer l'appareil dans une position quelconque et un ressort donne de la tenue au curseur.

Soit à mesurer un bloc de fer P. On place ce bloc comme l'indique la figure et sur la règle près du zéro du curseur on lit 19 m/m. La division du vernier qui se trouve en face d'une des divisions de la règle étant 10, on en conclut que l'épaisseur du bloc P est exactement 19 m/m $+ \frac{10}{20}$ soit 19 m/m 5.

Il est évident que lorsque les 2 branches sont au contact le zéro du vernier et le zéro de la règle coïncident.

Vis micrométrique Palmer. — Cet appareil, basé sur le mouvement d'une vis, a pour but d'évaluer des longueurs avec une grande approximation. Il est parfaitement réalisé dans un petit instrument bien connu des mécaniciens, le *palmer* (fig. 30 et 31).

Cet instrument se compose d'un écrou particulier A, portant un téton vissé *t*, et gradué longitudinalement en millimètres.

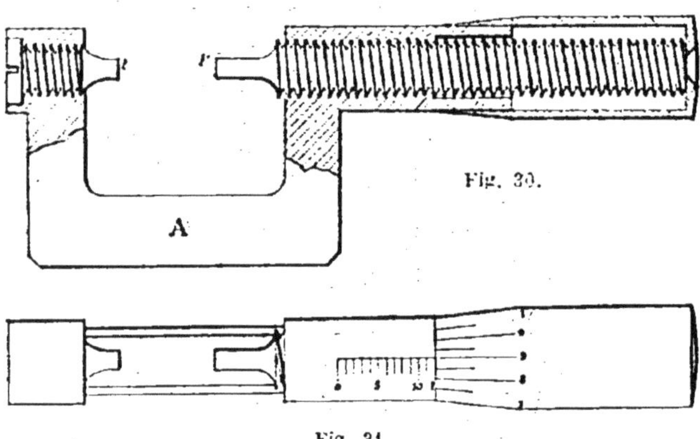

Fig. 30.

Fig. 31.

Les graduations sont marquées perpendiculairement à l'axe de l'écrou et partent d'un trait tracé sur l'écrou et parallèlement à son axe.

Une vis à pas régulier et très fin, soit 1 millimètre, se meut dans l'écrou. Elle est rivée d'une part sur un cylindre pouvant glisser à frottement doux sur l'écrou et porte d'autre part un téton *t'*. C'est entre *t* et *t'* que se place le corps dont on veut connaître l'épaisseur.

Le cylindre est gradué circulairement en un certain nombre

de parties égales, 10 par exemple. Le zéro de cette graduation correspond avec le point *ab* quand les tétons *t* et *t'* sont en contact. Quand la vis a fait un tour complet, elle s'est déplacée longitudinalement d'une quantité égale à 1 millimètre. Le cylindre gradué s'est déplacé de 10 divisions, ce qui fait que pour un déplacement, sur ce cylindre, d'une division, le déplacement longitudinal de la vis est de 1/10.

On voit donc, en examinant la figure, que la distance *tt'* est égale à 11 millimètres 9/10e. Pour connaître les longueurs mesurées avec une approximation de 1/20, 1/100, etc., il suffirait de diviser le cylindre en 20, 100 parties égales.

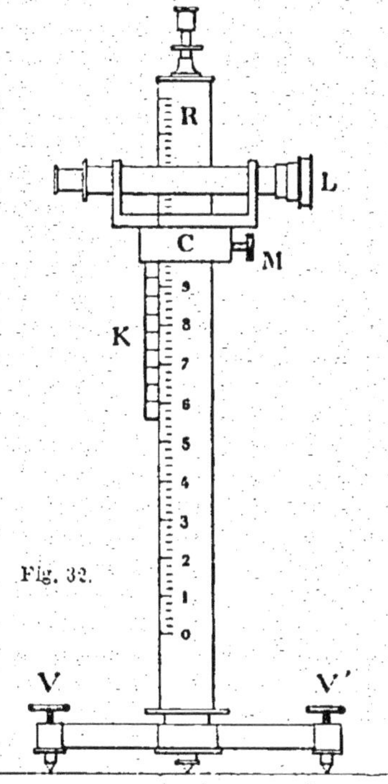

Fig. 32.

Cathétomètre. — Cet instrument (fig. 32) a été inventé par Dubourg et Petit. Il a pour but de mesurer la distance verticale entre deux points. En lui adjoignant un Vernier, on donne à la lecture l'approximation voulue.

Il se compose d'une règle verticale R graduée en centimètres et millimètres et qui peut se fixer verticalement grâce aux vis calantes V V'. Une lunette astronomique L sert à faire la lecture. Quand la règle est verticale, l'axe de la lunette est parfaitement horizontal. On vise successivement les deux points dont on veut connaître la distance verticale, en déplaçant le curseur C qu'on peut rendre fixe au moyen de la vis M. Il suffit de lire les deux positions occupées par le zéro du Vernier pour connaître la distance avec l'approximation donnée par ce dernier instrument.

Pendule. — Le pendule est un appareil idéal. Il serait composé d'un point matériel pesant *q*, attaché à l'extrémité d'un fil inextensible OM, oscillant sans frottement autour d'un axe O (fig. 33).

Amenons le pendule OM dans la position OA.

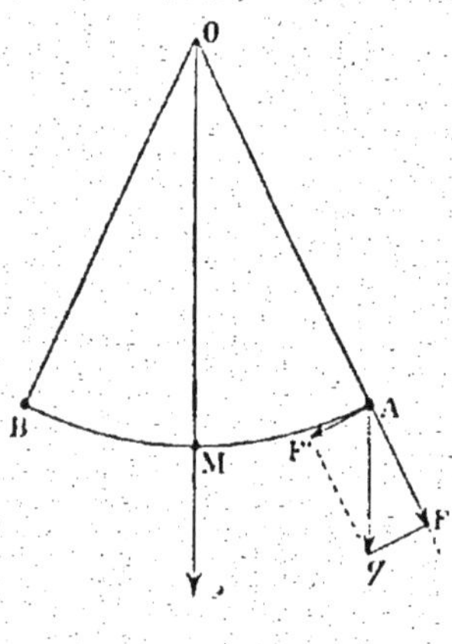

Fig. 33.

Le poids *q* peut se décomposer en deux autres forces, l'une suivant OA et l'autre normale, c'est-à-dire tangente en A à l'arc AM. La force AF est détruite par la résistance de l'axe O, mais la force F' ramène le pendule en M. En vertu de la vitesse acquise, le point M est franchi et la position OB, symétrique de OA par rapport à OM, est atteinte. Puis le mouvement recommence, en sens inverse.

Oscillations. — Dans un pendule, on appelle oscillation simple le passage du pendule de la position extrême OA à la position extrême OB.

L'oscillation double équivaut au double de l'oscillation simple, c'est-à-dire au parcours AB BA.

Lois du pendule. — On démontre en mécanique que la durée d'une oscillation simple *pour un faible écart* de la position verticale du pendule est égale à

$$t = \pi \sqrt{\frac{l}{g}}$$

Donc :

1° Les petites oscillations, quel que soit l'angle d'écart, ont toutes même durée puisque la durée de l'oscillation n'est pas fonction de l'angle d'écart. On dit qu'elles sont isochrones ;

2° Elles sont indépendantes de la masse du pendule ;

3° Leur durée est proportionnelle à la racine carrée de la longueur du pendule et inversement proportionnelle à la racine carrée de l'accélération de la pesanteur.

CHAPITRE III

UNITÉS

Unités. — Les unités sont régies par le système métrique. Ce système comprend trois unités *fondamentales* : le mètre, le kilogramme et la seconde de temps moyen.

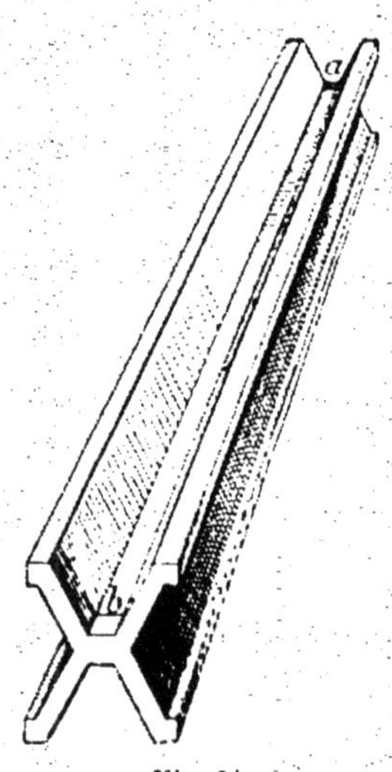

Fig. 34.

Mètre. — Le mètre est l'unité de longueur. Il est rigoureusement égal à la longueur de la règle étalon en platine iridié déposée au pavillon de Breteuil, à Sèvres, près Paris, la mesure étant faite à la température de la glace fondante et correspondant à la distance de deux repères *a* et *b* (fig. 34).

Approximativement, le mètre équivaut à la dix-millionième partie du quart du méridien terrestre.

N.-B. — La forme donnée au mètre étalon évite les erreurs dues à la flexion dans une règle ordinaire.

Kilogramme. — Le kilogramme est l'unité de force. Il

équivaut au poids d'un décimètre cube d'eau distillée, prise à 4 degrés centigrades, pesée à Paris, dans le vide et au niveau de la mer.

Un kilogramme étalon en platine se trouve, comme l'étalon-mètre, à Sèvres.

Cette unité porte aussi le nom de *kilogramme-force*.

Seconde. — C'est la 86.400e partie du jour solaire moyen.

Unités dérivées. — Les unités fondamentales précédentes ont donné naissance à un certain nombre d'unités également indispensables.

Masse. — L'unité de masse est la masse d'un corps auquel 1 kilogramme imprime une accélération égale à 1 mètre par seconde.

Si nous reprenons la formule générale

$$M = \frac{F}{\gamma} = \frac{F'}{\gamma'} \ldots\ldots = \frac{P}{g}$$

nous aurons pour le poids correspondant à cette unité

$$P = Mg = 1 \times g = g$$

d'où $$P = 9{,}81.$$

autrement dit l'unité de masse est la masse d'un corps pesant 9 k. 81 à Paris.

Travail. — L'unité de travail est le *kilogrammètre*. C'est le travail produit par une force d'un kilogramme dont le point d'application se déplace d'un mètre dans sa propre direction. Par exemple, en élevant un poids d'un kilogramme à un mètre de hauteur, on produit un travail égal à un kilogrammètre.

Puissance. — L'unité de puissance vaut 1 kilogrammètre par seconde.

Cependant, *par convention*, l'unité la plus fréquemment employée est le CHEVAL-VAPEUR. Cette unité équivaut à un travail de 75 kilogrammètres par seconde.

On emploie également le PONCELET qui équivaut à un travail de 100 kilogrammètres par seconde.

Système C. G. S. — Les savants du monde entier, réunis dans un Congrès qui se tint en 1881 à Paris, ont décidé de prendre comme unités fondamentales dans les sciences physiques, les unités de longueur, de masse et de temps. On conçoit, en effet, que la masse, quantité rigoureusement constante, était mieux désignée pour contribuer à définir la force que le poids, variable, lui, avec la latitude et l'altitude.

Les unités fondamentales adoptées furent : *le centimètre* pour les longueurs, *le gramme* pour les masses et *la seconde* pour les temps. D'où le nom de C. G. S. donné à ce système. *(Initiales des trois unités.)*

Centimètre. — Le centimètre est la centième partie du mètre plus haut défini.

Remarque. — Le centimètre carré et le centimètre cube sont les unités de surface et de volume.

Gramme (*masse*). — C'est la masse d'un centimètre cube d'eau distillée, prise à 4 degrés centigrades et pesée à Paris, dans le vide et au niveau de la mer.

C'est la masse d'un corps pesant 1000 fois moins que le kilogramme dont on a donné la définition dans le système précédent.

Seconde. — L'unité de temps est encore ici la 86.400^{e} partie du jour solaire moyen.

Unités dérivées. — Comme pour le premier système, un certain nombre d'unités sont dérivées des unités précédentes.

Force. — L'unité de force est la *dyne*.

C'est la force qu'il faut appliquer à Paris à un corps pesant 1 gramme pour lui imprimer une accélération de 1 centimètre dans une seconde.

Relation entre la dyne et le gramme. — Considérons un poids de 1 gramme. Pour lui imprimer une accélération de 981 centimètres, il suffit de l'abandonner à la seule action de la pesanteur.

Si maintenant nous voulons donner à ce poids de 1 gramme une accélération de 1 centimètre, c'est-à-dire 981 fois plus petite que dans le cas précédent, il faudra le soumettre à une action 981 fois plus petite, soit $\frac{1}{981}$.

Par définition, cette force est la dyne.

$$1 \text{ dyne} = \frac{1 \text{ gr.}}{981}, \text{ d'où } 1 \text{ gramme} = 981 \text{ dynes.}$$

Travail. — L'unité de travail est l'*erg*.

C'est le travail d'une dyne, dont le point d'application se déplace de 1 centimètre dans sa direction.

Relation entre le kilogrammètre et la dyne.

1 kgm. = 1 kgr. $\times$ 1 m. = 1000 gr. $\times$ 100 cm., soit

981.000 dynes $\times$ 100 cm. = 98.100.000 ergs = 9,81 $\times$ 10^7 ergs.

On emploie très souvent comme unité de travail pratique le *joule*.

1 joule équivaut à 10^7 ergs : d'où il résulte que 1 kgm. = 9 j. 81.

Inversement, 1 joule $= \frac{1}{9,81} = 0$ kgm. 102.

Puissance. — L'unité dérivée de puissance est une unité correspondant au travail d'un erg par seconde qui n'a pas reçu de nom spécial. La raison en est que cette unité était trop petite. On a pris pour unité pratique le *watt* qui correspond à une puissance de 1 joule par seconde ou 10^7 ergs par seconde.

Relation entre le cheval-vapeur et le watt. — 1 cheval-vapeur = 75 kilogrammètres par seconde

soit $75 \times 9{,}81 = 736$ watts.

De même, un Poncelet équivaudrait à

$$100 \times 9{,}81 = 981 \text{ watts}$$

soit près de 1000 watts ou 1 *kilowatt*.

Vitesse. — On entend par unité de vitesse, la vitesse d'un corps parcourant d'un mouvement uniforme une longueur de 1 centimètre.

Accélération. — L'unité d'accélération correspond à une augmentation de vitesse de 1 centimètre dans une seconde.

Multiples et sous-multiples. — Comme dans les mesures dérivant du mètre, on emploie en physique des multiples et sous-multiples de certaines unités.

Hecto. — Veut dire 100 fois plus grand.
Ex. : l'hectowatt qui vaut 100 watts.

Kilo. — Veut dire 1000 fois plus grand.
Ex. : le kilowatt, qui vaut 1000 watts.

Méga. — Veut dire 1 million de fois plus grand.
Ex. : une mégadyne, c'est-à-dire 1 million de dynes ou 10^6 dynes.
Un méga-erg ou 10^6 ergs.

Micro. — Veut dire 1 million de fois plus petit ou $\frac{1}{10^6} = 10^{-6}$ de l'unité.

Micron. — Cette unité, qui se désigne souvent par la lettre grecque μ (mû), correspond à une longueur mille fois plus petite que le millimètre, soit $\frac{1 \text{ cm.}}{10^7} = 10^{-7}$ unités C. G. S. de longueur.

Densité absolue. — On appelle densité absolue d'un corps la masse de l'unité de volume (centimètre cube) de ce corps à 0°.

M et V étant la masse et le volume et d étant la densité, on a :

$$d = \frac{M}{V} = \text{constante.}$$

De cette formule on tire

$$M = Vd \text{ et } V = \frac{M}{d}$$

La masse d'un centimètre cube d'eau étant 1 gramme-masse, on a pour l'eau $d = \frac{1}{1} = 1$.

Par suite $1 = \frac{M}{V}$; d'où $M = V$

ce qui prouve que la masse d'une certaine quantité d'eau peut être représentée par le même nombre que son volume.

Poids spécifique. — On appelle poids spécifique d'un corps le poids de l'unité de volume de ce corps pris à 0 degré.

$$p = \frac{P}{V}$$

Mais on a $P = Mg = Vdg$.

On en tire $p = \frac{Vdg}{V} = dg$ dynes.

Densité et poids spécifique par rapport à l'eau. — Les densités et poids spécifiques des solides et des liquides se prennent souvent par rapport à l'eau. Dans ce cas :

1° On appelle *densité* d'un corps solide ou liquide le rapport qu'il y a entre la masse d'un certain volume du corps à 0 degré et la masse d'un égal volume d'eau prise à 4°

$$d = \frac{M}{M'}$$

2° On appelle poids spécifique d'un corps solide ou liquide le rapport qu'il y a entre le poids d'un certain volume du corps pris à 0 degré et celui d'un égal volume d'eau prise à 4°.

$$p = \frac{P}{P'}$$

Mais de $p = \frac{P}{P'}$ on déduit $p = \frac{Mg}{M'g} = \frac{M}{M'}$

Donc dans ce cas, $p = d$.

Autrement dit : *La densité d'un corps par rapport à l'eau est égale à son poids spécifique par rapport à l'eau.*

Densité et poids spécifique par rapport à l'air. — Lorsqu'il s'agit de gaz, le terme de comparaison choisi est l'air. La définition est la même que précédemment, mais les deux substances sont prises à la même température. Il est facile de voir que là encore $p = d$.

REPRÉSENTATION DES UNITÉS EN FONCTION DES UNITÉS FONDAMENTALES : LONGUEUR, MASSE ET TEMPS.

Longueur. — Se représente par L.

Masse. — Se représente par M.

Temps. — Se représente par T.

Surface. — Se représente par S.

L'unité de surface étant un carré ayant pour côté l'unité de longueur L, on a $S = L \times L = L^2$

Volume. — Se représente par V.

L'unité de volume est un cube ayant pour côté l'unité de longueur.

$$V = L \times L \times L = L^3$$

Vitesse. — Se représente par v.

Elle est égale à l'unité de longueur parcourue dans l'unité de temps.

$$v = \frac{L}{T} = LT^{-1}$$

Accélération. — L'unité d'accélération est l'accélération d'un mobile dont la vitesse s'accroît dans l'unité de temps de l'unité de vitesse.

Elle se représente par a.

$$a = \frac{v}{T} = \frac{LT^{-1}}{T} = LT^{-2}$$

Force. — Communique à l'unité de masse une accélération égale à l'unité.

Cette unité de force a pour symbole F.

$$F = Ma = MLT^{-2}$$

Travail. — L'unité de travail se représente par la lettre W.

On a : $$W = MLT^{-2} \times L = ML^2T^{-2}$$

En effet, elle équivaut au produit de l'unité de force par l'unité de longueur, ce chemin étant parcouru dans la direction de la force.

Puissance. — C'est l'unité de travail dans l'unité de temps.

$$\frac{ML^2T^{-2}}{T} = ML^2T^{-3}$$

En somme les trois symboles des unités fondamentales M L T servent à représenter toutes les unités dérivées.

Théorème. — Quand une certaine grandeur est mesurée dans deux systèmes différents d'unités, les valeurs trouvées sont inversement proportionnelles aux unités dont on s'est servi.

En effet si l'unité devient n fois plus grande il est évident qu'elle sera contenue n fois moins dans une même grandeur ; si elle devient n fois plus petite elle sera contenue n fois plus. Le nombre qui exprime la mesure sera donc rendu n fois plus petit ou n fois plus grand, ce qui correspond au fond au théorème énoncé.

TABLEAU DES DENSITÉS DES CORPS

SOLIDES	
Acier	7,7 à 7,8
Aluminium	2,6
Anthracite	1,4
Ardoise	2,7
Argent	10,5
Bronze	7,7 à 9,2
Calcaire	2,00
Cristal	3,3
Cuivre	8,9
Diamant	3,5
Etain	7,3
Fer	7,3 à 7,8
Fonte blanche	7,4 à 7,8
Fonte grise	6,8 à 7
Granit	2,7
Graphite	2,2
Grès	2,2 à 2,6
Gypse	2,2
Laiton	8,6
Maillechort	8,6
Marbre	2,7
Nickel	8,3
Or	19,5
Phosphore	1,8
Platine	21,5
Plomb	11,35
Potassium	0,86
Soufre	2,07
Verre	2,6
Zinc	7,19
Pin, Peuplier	0,5 à 0,6
Chêne	0,6 à 1,17
Liège	0,24
LIQUIDES	
Acide azotique	1,42
— chlorhydrique	1,2
— sulfurique	1,84
Alcool	0,795
Benzine	0,89
Essence de térébenthine	0,864
Ether	0,73
Eau	1,00
Eau de mer	1,026
Lait	1,03
Huile	0,9
Vin	0,99
Mercure	13,6

APPLICATIONS

1° Evaluer en dynes le poids d'une masse exprimée par 10 grammes dans un lieu où l'accélération de la pesanteur est 978 centimètres.

Solution :

On a : $P = Mg = 10 \times 978 = 9780$ dynes.

2° Exprimer en chevaux-vapeur la puissance d'une machine de 100 kilowatts.

Solution

Le kilowatt vaut 1000 joules par seconde
soit $\frac{1000}{9{,}81}$ kilogrammètres par seconde
ou puisqu'un cheval vaut 75 kgm. par seconde
$\frac{1000}{9{,}81 \times 75}$ cheval et par suite 100 kilowatts vaudront
$\frac{1000 \times 100}{9{,}81 \times 75} = 136$ chevaux-vapeur.

3° A combien d'ergs par seconde équivaut un cheval-vapeur ?

Solution

Un cheval vapeur équivaut à un travail de 75 kgm.
soit 75 kg. × 1 m. ou 75. 000 gr. × 100 cm.
ou 75.000× 981 dynes × 100 cm.
soit enfin 7.357.500.000 ergs.

Problème

Une masse donnée d'un certain gaz est prise à une température donnée. Le système d'unité adopté étant le système centimètre, gramme-masse, seconde (système C.G.S.), cette masse de gaz occupe l'unité de volume sous l'unité de pression. On suppose que l'on remplace le système précédent d'unités par le système mètre, gramme-force, seconde (système métrique de la Convention) et l'on demande le nombre qui exprime le volume occupé à la même température par la même masse de gaz, sous une pression égale à la nouvelle unité de pression.

Nota. — Ce problème a logiquement sa place ici, mais les élèves ne devront l'étudier que lorsqu'ils connaîtront la loi de Mariotte.

Solution

L'unité de pression, dans un système rationnel, c'est une pression égale à l'unité de force, s'exerçant sur l'unité de surface.

Dans le système C. G. S. l'unité de force est la dyne qui vaut $\frac{1}{981}$ de gramme ; l'unité de surface est le centimètre carré.

Dans le système métrique l'unité de force est le gramme ; l'unité de surface est le mètre carré qui vaut 10.000 centimètres carrés.

Dès lors le problème est ramené au suivant :

Une masse gazeuse occupe un volume de 1 centimètre cube sous la pression de $\frac{1 \text{ gr.}}{981}$ par centimètre carré ; quel volume occupera cette même masse gazeuse sous la pression de $\frac{1 \text{ gr.}}{10.000}$ par centimètre carré ?

Ce volume x est obtenu en appliquant la loi de Mariotte

$$1 \times \frac{1}{981} = x \times \frac{1}{10.000}.$$

De là on tire $x = 10 \text{ cm}^3\ 193$

ou, en exprimant ce volume en fonction de la nouvelle unité de volume qui est le mètre cube, $0 \text{ m}^3\ 000010193$.

CHAPITRE IV

ÉQUILIBRE DES LIQUIDES

Principe. — *Dans un liquide en équilibre les pressions sont normales aux parois.*

Soit *a* une molécule appartenant à un liquide en équilibre placé dans le vase V, liquide que nous supposerons momenta-

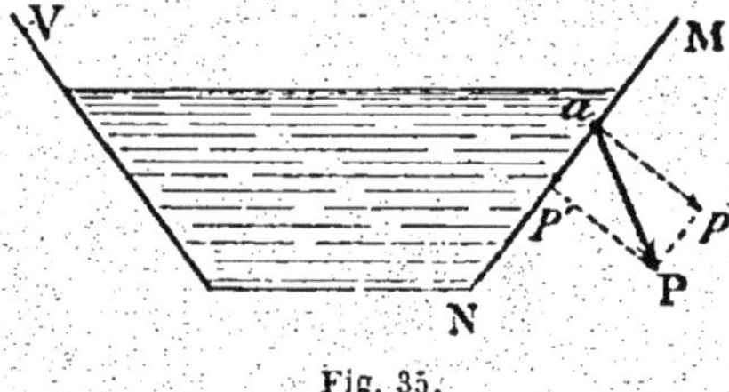

Fig. 35.

nément soustrait à l'action de la pesanteur (fig. 35). Cette molécule subit de la part des autres molécules une certaine pression P.

Supposons la force P oblique à la paroi MN et décomposons P suivant la direction MN et une autre direction perpendiculaire à MN. P est ainsi remplacée par les deux forces *p* et *p'*. *p* est détruite par la résistance de la paroi ; donc seule *p'* subsiste et elle va déplacer la molécule mobile a, ce qui est impossible, puisque l'équilibre existe.

Donc p est normale à la paroi.

Principe de Pascal. — *Toute pression exercée normalement à la surface d'un liquide en équilibre et soustrait à l'action de la pesanteur, se transmet intégralement et dans tous les sens à toute surface du liquide égale à la surface pressée tant à l'intérieur que sur les parois.*

Supposons un vase entièrement plein d'eau ou de tout autre liquide et soustrait à l'action de la pesanteur. Sur les parois de ce vase, en dessus, en dessous, ou par côté, nous pratiquons des orifices, A, B, C, D, E, tous d'égal calibre (fig. 36) et munis

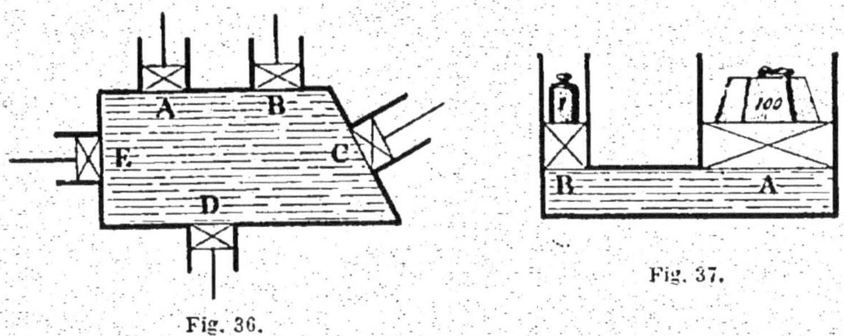

Fig. 36.

Fig. 37.

de canaux dans lesquels des pistons bouchant exactement peuvent se mouvoir en liberté. Exerçons sur le piston A par exemple une pression de 1 kilogramme. Immédiatement tous les autres pistons sont refoulés et, si l'on veut immobiliser ces pistons, on trouve qu'il suffit de faire agir sur chacun d'eux une force de 1 kilogramme.

Considérons maintenant l'appareil de la figure 37. L'orifice A est 100 fois plus grand que B. Chaque orifice est muni d'un piston. On charge le piston B du poids de 1 kilogramme. Par l'effet de la poussée transmise, le piston A est refoulé de bas en haut. Pour l'empêcher de monter, il faut le charger d'un poids qui, si le principe de Pascal est exact, doit être égal à

100 kilogrammes. Or c'est bien ce que confirme l'expérience.

En général, soit f la pression exercée normalement sur une surface infiniment petite s, d'un liquide en équilibre. Cette pression est indépendante de l'orientation de l'élément s. La pression F reçue par une surface quelconque S du vase qui contient le liquide a pour valeur :

$$F = f\frac{S}{s}$$

formule qui s'établit rapidement par une règle de trois.

Presse hydraulique. — Le principe de la transmission des pressions par les liquides nous rend compte du jeu fondamen-

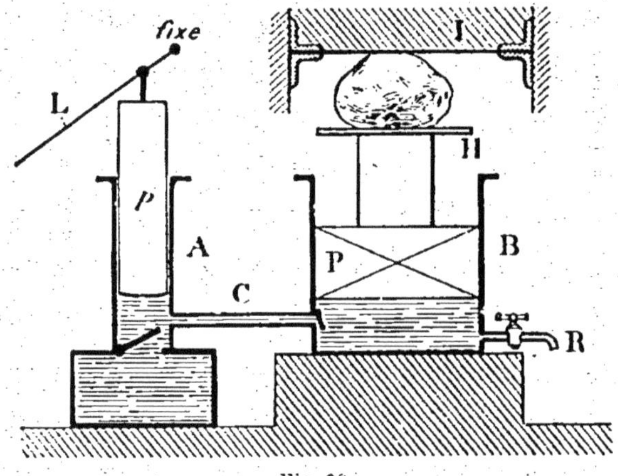

Fig. 38.

tal d'une machine douée d'une puissance considérable et nommée presse hydraulique.

Elle se compose en principe (fig. 38) de deux cylindres creux, l'un A beaucoup plus petit que le second B. Ces deux cylindres sont pleins d'eau et communiquent entre eux par un canal C. Chacun est armé d'un piston qui le bouche exactement. Le piston A est mis en mouvement au moyen d'un levier L. Le piston B porte un plateau H, entre lequel et une solide plateforme I, se place le corps à comprimer.

Imaginons que le piston du gros cylindre ait une section mille fois plus grande que le petit, que le grand bras du levier de la pompe soit 10 fois plus grand que le petit.

Une pression de 10 kilogrammes sur l'extrémité du levier donnera sur le petit piston une pression de 100 kilogrammes et sur le grand une pression de 100.000 kilogrammes.

La presse hydraulique a de multiples applications : compression des foins, des cartons ; fabrication des tourteaux ; mise en place des chemises de cylindres à vapeur, extraction du jus sucré des betteraves, fabrication des tuyaux de plomb, machine à riveter, ascenseurs hydrauliques, etc., etc.

Pression des liquides. — Si nous prenons un verre et que nous essayons de l'enfoncer par le fond dans un vase rempli d'eau, nous éprouvons, à mesure qu'il s'enfonce, une résistance de plus en plus grande; si, à un moment donné, nous le lâchons, il est violemment repoussé par le liquide dont il a pris la place.

Principe. — Dans un liquide en équilibre, toute surface égale d'un même plan horizontal supporte la même pression. Considérons, figure 39, un récipient A plein d'eau. Immergeons comme l'indique la figure, dans le récipient A, un cylindre de verre B fermé d'un côté par un disque bien rodé *a*, jusqu'au plan horizontal MN. Le disque est retenu contre le fond par un fil. La pression qui s'exerce sur le fond du vase B tient le disque parfaitement appuyé sur ce dernier

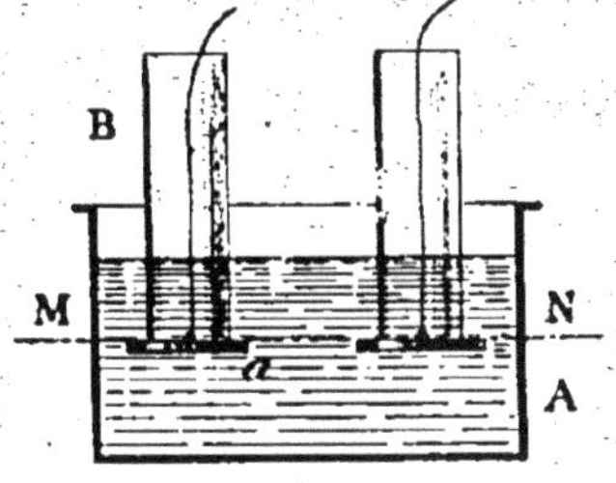

Fig. 39.

Si nous voulons faire tomber le disque il suffit de verser dans B de l'eau jusqu'au niveau de l'eau dans A.

L'expérience se répète identiquement sur tous les points de

l'horizontale MN, ce qui prouve que dans tous les cas, la pression exercée par le liquide est la même sur tous les points de ce plan et égale au poids d'une colonne liquide qui aurait pour base la section considérée, et pour hauteur la distance du plan au niveau de l'eau dans le récipient.

Pressions agissant sur le fond des vases.

1er Principe. — *La pression par unité de surface exercée par un liquide sur le fond horizontal d'un vase le contenant est la même en tous les points de la surface du fond.*

2e Principe. — *La pression est proportionnelle à la distance verticale du fond à la surface libre du liquide.*

3e Principe. — *Elle est proportionnelle à la densité du liquide.*

4e Principe. — *Elle est égale au poids d'une colonne liquide ayant pour base le fond horizontal du vase et pour hauteur la distance verticale du fond à la surface libre.*

Ces quatre principes se démontrent de la façon suivante :

Soit (fig. 40) un vase de forme absolument quelconque mais dont le fond AB soit horizontal.

Supposons le vase plein d'un certain liquide et décomposons ce dernier en tranches horizontales assez rapprochées pour

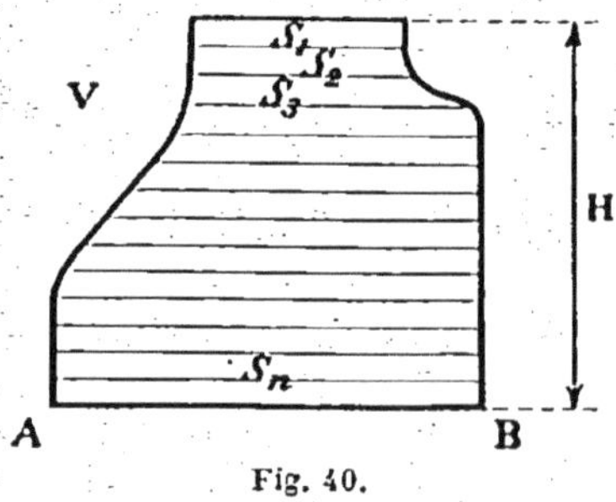

Fig. 40.

que chacune d'elles puisse être considérée comme cylindrique. Désignons par H la hauteur verticale du liquide et soient S_1, S_2, S_3... S_n les n tranches de hauteur h obtenues précédemment.

Le poids de la 1re tranche est égal à $S_1 hd$, celui de la seconde à $S_2 hd$ et ainsi de suite.

La première tranche agit comme un piston qui presserait toutes les tranches inférieures de par son propre poids, et la pression par unité de surface, c'est-à-dire hd, se transmet à chaque unité des autres tranches.

On peut raisonner de la même façon pour chaque tranche.

Par suite le fond supportera par unité de surface la somme des pressions de toutes les tranches,

c'est-à-dire $$\Sigma\, hd = nhd$$

comme $nh = \mathrm{H}$, une pression Hd par unité de surface.

La surface S supportera donc une pression égale à SHd.

De cette démonstration découlent les 4 principes précédents.

Remarque. — Au lieu de considérer le fond on eût pu considérer une tranche horizontale S' à la distance H' du niveau. En

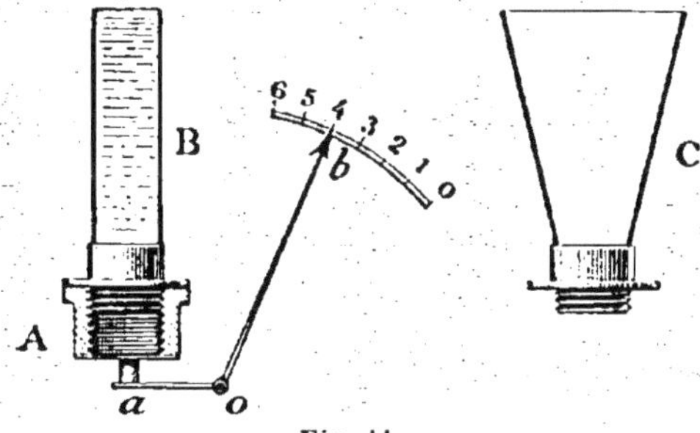

Fig. 41.

faisant le même raisonnement on eût trouvé pour la pression sur cette tranche S'H'd.

Les principes précédents peuvent se vérifier au moyen de divers appareils. Celui que nous décrivons est assez employé; il se compose en principe d'une monture A dans laquelle peuvent se visser différents vases B, C, etc, de même hauteur, de même fond et d'orifices ou de formes divers. Le fond de la monture est constitué par une membrane en caoutchouc et porte un petit bouton *a* pouvant agir sur le petit bras d'un levier coudé *a o b* dont le grand bras se meut sur un cadran gradué.

On vérifie ainsi que, quelle que soit la forme des vases que l'on visse en A, si tous sont remplis à même hauteur d'un même liquide, l'indication du cadran est la même (fig. 41).

Principe. — *La pression exercée par un liquide en équilibre sur une paroi latérale, est égale au poids d'une colonne cylindrique du liquide ayant pour base cette surface et pour hauteur la distance verticale de la surface libre à son centre de gravité.*

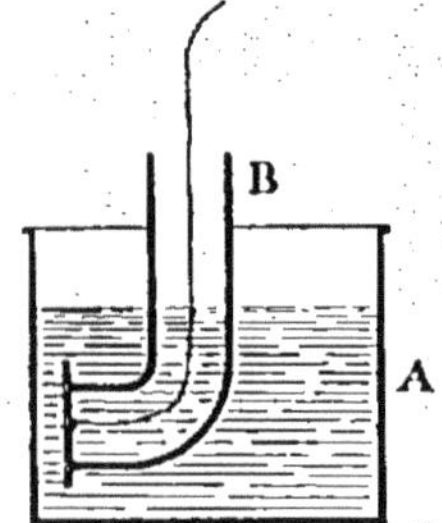

Fig. 42.

Refaisons l'expérience de la figure 39 mais en prenant un tube coudé (fig. 42). Le tube coudé B plongé dans le vase A reste en contact de son obturateur, et pour faire détacher ce dernier on doit verser de l'eau dans le tube B jusqu'au niveau de l'eau dans A. (c. q. f. d.)

Effets de la poussée de l'eau sur les corps profondément immergés. — Il résulte de ce que nous avons vu qu'un corps librement plongé dans l'eau éprouve dans tous les sens des pressions normales diverses dépendant sur chaque élément de la profondeur à laquelle il est plongé ; de sorte que ce corps est pressé de partout par le liquide et d'autant plus qu'il est plongé plus bas. Sous l'effort de ces pressions en tous sens, le corps est écrasé s'il n'a pas une résistance suffisante. Si par exemple l'on plonge dans l'eau une ampoule de verre très mince, à une certaine profondeur elle se brise. Ceci nous explique pourquoi les scaphandriers ne peuvent guère travailler au-dessous d'une profondeur de 30 mètres.

En prenant 2 mq. comme surface totale de l'homme, et 1 comme densité approximative de l'eau, la pression supportée à cette profondeur est égale à 3 × 20.000 = 60.000 kgs.

Les poissons peuvent résister aux pressions grâce à leur organisme et à leur structure adaptée au milieu dans lequel ils vivent.

Crève-tonneau de Pascal. — Considérons fig. 43 un tonneau A muni dans le fond supérieur d'un orifice par où passe un long tube droit ouvert aux deux bouts. Remplissons alors le tonneau puis le tube. Quand le tonneau est plein rien d'anormal ne se produit, mais si nous versons seulement un litre d'eau de plus, de manière à faire monter le niveau dans le tube, nous voyons le fond se redresser et éclater. Parfois même ce sont les douves qui se disjoignent.

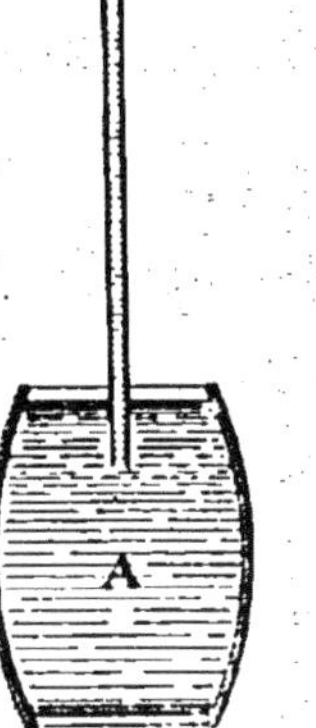

Fig. 43.

Supposons un mètre carré de surface du fond, 10 mètres pour la hauteur du tube, nous avions sur le fond une pression de 10.000 kg.

Sous-marins. — L'accident arrivé il y a quelques années au sous-marin « Lutin » à Bizerte fut une conséquence terrible du principe précédent. Le sous-marin plongeait à 30 mètres. La soupape d'un ballast n'avait pas été complètement fermée, ce qui fait que sur la tôle *ab* de très faible épaisseur mais de grande surface (mettons 5 mètres) s'exerçait une pression de 150.000 kilogrammes. La tôle évidemment se rompit et l'équipage tout entier périt (fig. 44).

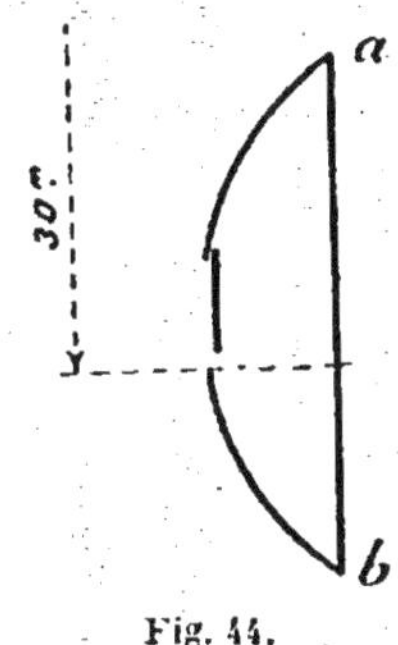

Fig. 44.

Vases à réaction. — La pression des liquides sur toutes les parois d'un vase donne naissance à de curieux mouvements lorsqu'elle vient à être détruite en un certain point tout en persistant sur le point diamétralement opposé.

Soit (fig. 45) un petit vase plein d'eau et muni d'une tubulure latérale d'abord bouchée. Le vase est suspendu à un fil abandonné à lui-même, il prend la direction verticale, tout comme le fil à plomb. Mais si l'on ouvre la tubulure, l'eau s'échappe et en même temps le vase s'anime d'un mouvement de recul qui l'éloigne de la position verticale.

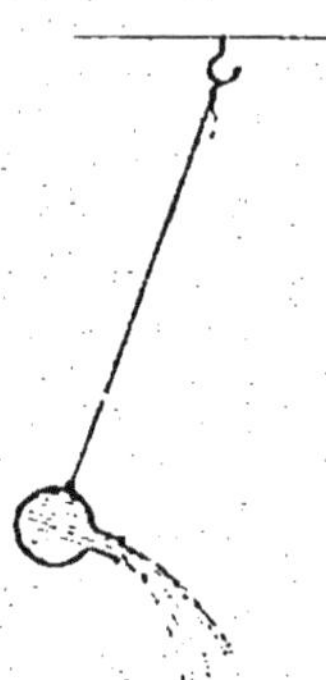

Fig. 45.

La cause de ce mouvement de recul est facile à trouver. Quand la tubulure est bouchée, l'eau exerce sa pression sur le bouchon qui fait alors partie de la paroi du vase. Elle s'exerce également sur le point diamétralement opposé. Ces deux poussées contraires se détruisent ainsi du reste que sur deux points quelconques opposés et l'appareil reste au repos. Si le bouchon est enlevé

Fig. 46.

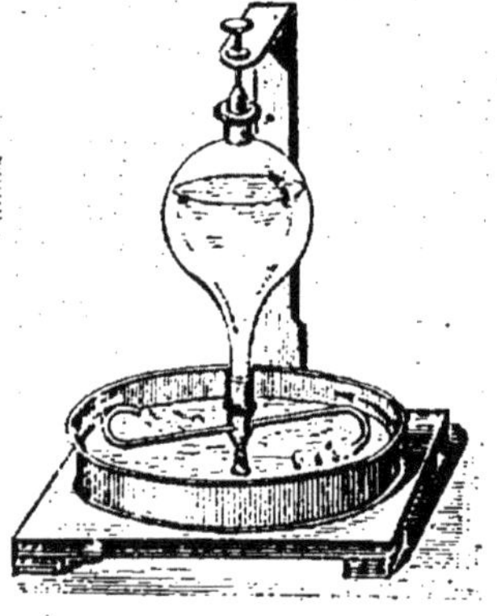

Fig. 47.

la pression en ce point n'a plus lieu puisque la paroi n'y existe plus, et alors la poussée opposée n'ayant plus un effort antagoniste chasse le petit appareil en sens inverse de la poussée de l'eau.

Le même phénomène se passe avec le jouet de la fig. 46.

Le tourniquet hydraulique est également intéressant

(fig. 47). Il se compose d'un réservoir plein d'eau bien équilibré sur deux pointes lui servant d'axe de rotation. La partie inférieure porte un canal transversal dont les extrémités sont recourbées dans le même sens. Le vase étant plein d'eau et le canal ouvert, on voit l'appareil se mettre à tourner en sens inverse du jet liquide.

Turbines hydrauliques. — Considérons deux roues R et R', la première fixe et la seconde mobile autour d'un axe perpendiculaire à son plan.

Imaginons que de l'eau s'écoule d'une certaine hauteur pour venir tomber sur R. Si nous faisons diriger l'eau à travers des conduits ayant une forme spéciale, et que nous imaginions dans

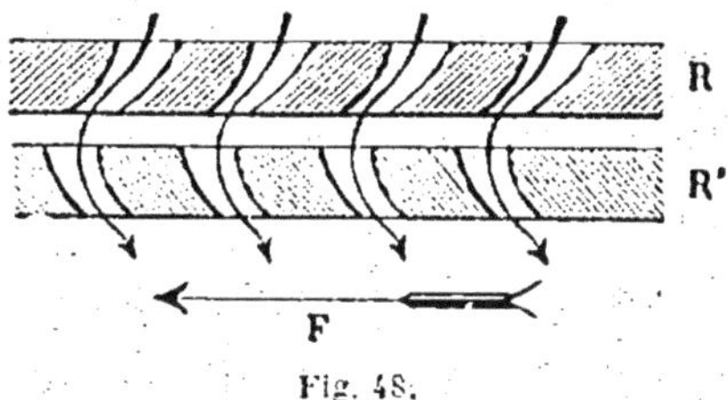

Fig. 48.

la roue mobile des conduits semblables mais inversement placés (fig. 48), on voit que l'eau suivra le contour des flèches. Sous la poussée des veines fluides, la roue R' prendra un mouvement dans le sens de la flèche F. C'est le principe de la turbine hydraulique. La turbine à vapeur est d'ailleurs basée sur le même principe.

Théorème. — *La résultante de toutes les pressions exercées par un liquide sur l'ensemble des parois du vase qui le contient, est égale au poids du liquide.*

Ce théorème ne se démontre qu'en mécanique. On peut le vérifier en pesant un même volume d'eau dans plusieurs vases différents.

Equilibre des liquides dans des vases communiquants. **Principe.** — *Lorsqu'on verse un liquide dans plusieurs vases communiquants, l'équilibre n'existe que lorsque les surfaces libres du liquide dans chacun des vases se trouvent sur un même plan horizontal.*

Ce principe est mis en évidence de la façon suivante : soit

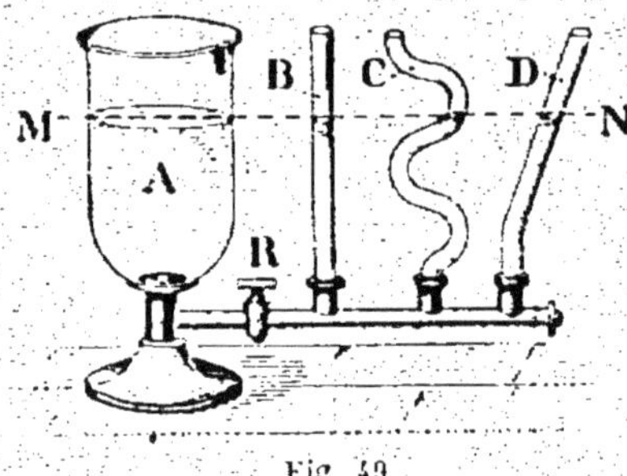

Fig. 49.

un vase A (fig. 49) muni d'une tubulure latérale portant des ouvertures sur lesquelles peuvent se visser des vases de forme quelconque, B, C, D. Un robinet R permet d'intercepter à volonté la communication de A avec ces vases. Ouvrons le robinet et versons dans A de l'eau jusqu'à un certain niveau MN par

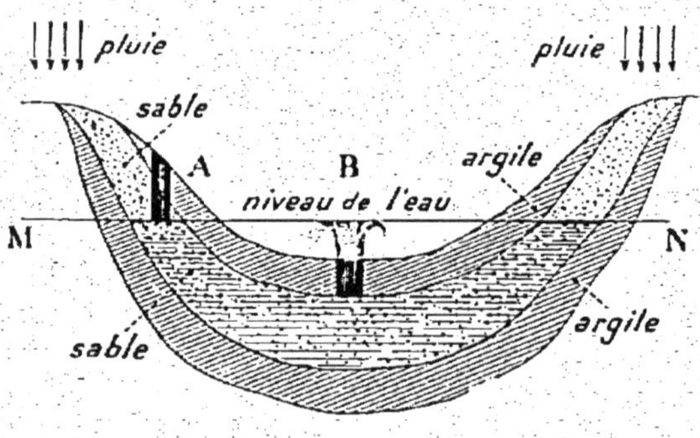

Fig. 50.

exemple. On pourra alors se rendre compte que le niveau est le même dans chacun des quatre vases A, B, C, D.

Ainsi donc, quel que soit le tube vissé sur le canal de communication, qu'il soit droit, sinueux ou incliné, l'eau s'y élève au même niveau que dans le vase A.

C'est sur ce principe que sont basés : la distribution de l'eau dans les villes, les jets d'eau des jardins publics, l'utilisation des puits ordinaires ou artésiens, etc.

Ainsi, soit une couche de sable partiellement comprise entre deux couches d'argile (fig. 50). L'eau de pluie s'infiltre dans le sable et, arrêtée par la couche d'argile inférieure, stationne et monte jusqu'à un certain niveau MN. Si dans ces conditions on perce en A un trou, on aura un puits ordinaire. En B on aurait eu un puits artésien.

Le puits artésien de Grenelle descend à 586 mètres.

Equilibre de plusieurs liquides dans un vase. Principe. — *Lorsque plusieurs liquides n'exerçant l'un sur l'autre ni action chimique ni action dissolvante, sont contenus dans un même vase, l'équilibre se produit ; les liquides sont parfaitement séparés l'un de l'autre, les plus denses étant placés vers le fond ; la surface libre ainsi que les surfaces de séparation sont des plans horizontaux.*

Fiole des 4 éléments.— Ce principe se vérifie au moyen de la fiole des 4 éléments. C'est une sorte de tube fermé aux deux bouts (fig. 45) et contenant du mercure, de l'eau, de l'alcool coloré et une huile légère. L'eau est saturée de carbonate de potassium pour ne pas qu'elle se mélange à l'alcool. On agite la fiole pour brouiller les liquides qui au repos se séparent et se déposent par ordre de densités, chaque surface étant bien horizontale.

Fig. 51

Equilibre de plusieurs liquides dans des vases communiquants. — Si dans deux vases communiquants on place deux liquides de densités différentes d et d', il y a équilibre quand les hauteurs h et h' des deux surfaces libres au-dessus de la surface de séparation qui est horizontale sont inversement proportionnelles aux densités des liquides. En effet, sur un élément de surface s pris dans chaque vase sur le plan de séparation, on a

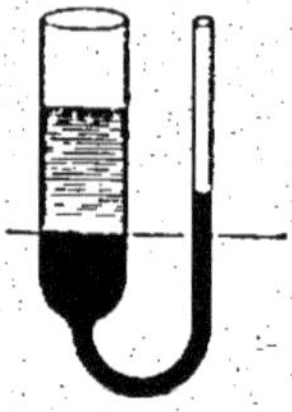

$$sh'd' = shd \quad \text{d'où} \quad \frac{h}{h'} = \frac{d'}{d} \quad \text{(fig. 52).}$$

Fig. 52.

APPLICATION.

Dans un tube en U se trouve du mercure de densité 13,6. On verse sur ce mercure dans l'une des branches de l'eau jusqu'à une hauteur de 1 m. 36.

A quelle hauteur le mercure s'élèvera-t-il au-dessus du plan de séparation ?

Solution.

Soit x cette hauteur.

Ecrivons que les hauteurs sont inversement proportionnelles aux densités, on a

$$\frac{x}{h} = \frac{1}{13,6}$$

d'où
$$x = \frac{h}{13,6} = \frac{1,36}{13,6} = 0 \text{ m. } 10.$$

CHAPITRE V

PRINCIPE D'ARCHIMÈDE

Tout corps plongé dans un liquide éprouve verticalement et de bas en haut une poussée égale au poids de liquide déplacé.

On démontre expérimentalement le principe d'Archimède de la manière suivante : Considérons 2 cylindres métalliques,

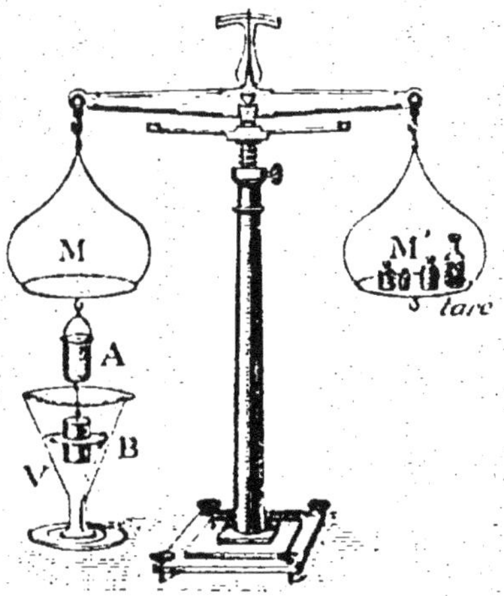

Fig. 53.

l'un A creux, l'autre B plein et tels que B s'emboite exactement dans A (fig. 53). Le volume extérieur de B est donc égal au volume intérieur de A.

On suspend à l'aide d'un crochet, le cylindre plein au-dessous du cylindre creux, et le tout est suspendu sous le plateau d'une balance hydrostatique. Puis on fait la tare. L'équilibre établi, on immerge *complètement* le cylindre plein dans un verre d'eau V. Aussitôt l'équilibre est détruit et la balance penche du côté de la tare. Donc le corps immergé a bien reçu une poussée de bas en haut. Pour rétablir l'équilibre il suffit d'ailleurs de remplir d'eau le cylindre creux ; ce qui prouve que la poussée est égale au poids de l'eau déplacée. Le même résultat se reproduit avec un liquide quelconque.

On peut déduire de ce principe que lorsqu'un corps plongé dans un récipient tombe au fond, c'est que le poids du corps est supérieur à la poussée et que si le corps flotte, son poids est égal à la poussée et par suite au poids du liquide déplacé.

Réciproquement, comme toute action donne lieu à une réaction égale et contraire, on peut dire que : *Tout corps plongé dans un liquide exerce sur ce liquide des pressions qui ont une résultante verticale dirigée de haut en bas et égale au poids du liquide déplacé.*

Démonstration théorique (fig. 54). — Soit un liquide en équilibre dont nous isolerons par la pensée un certain volume de poids P. L'état d'équilibre n'a pas changé pour la partie isolée, car on n'a fait, en solidifiant la partie du volume considéré, qu'introduire des liaisons gênant le mouvement des molécules.

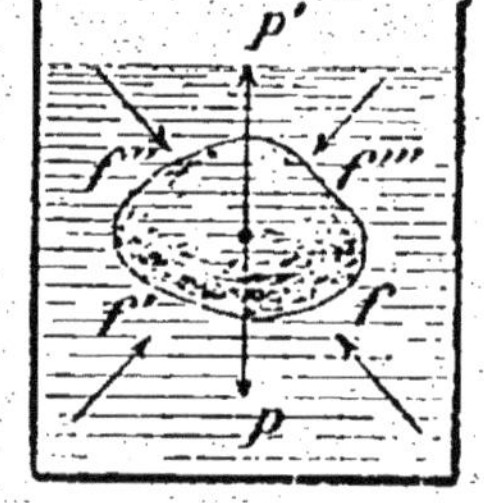

Fig. 54.

Or cette partie est soumise sur toute sa surface à des forces normales f, f', f'', f''', etc. et à son poids P appliqué au centre de gravité.

Ces forces doivent donc avoir une résultante unique P' égale et directement opposée à P.

Remplaçons le volume d'eau isolé par un volume identique d'un autre corps.

La force P' résultante des forces f ne varie pas ; seule, la force P changera

Donc tout corps plongé dans un liquide reçoit de la part de ce dernier une poussée verticale dirigée de bas en haut et égale au poids du liquide déplacé.

En outre, si $P > P'$, le corps tombe au fond.

Si $P = P'$, le corps flotte au sein du liquide.

Si $P < P'$ le corps remonte et il émerge jusqu'à ce que le poids du volume liquide de la partie immergée (dite carène du flotteur) soit égal au poids du corps.

Vérification expérimentale pour les gaz (fig. 55). — Le principe d'Archimède s'applique aux gaz d'une façon identique aux liquides.

On peut employer pour cette vérification un appareil composé de deux cylindres en laiton CC' s'emboitant exactement

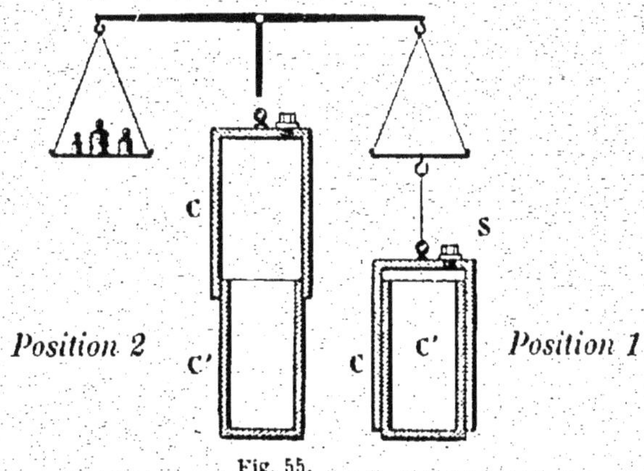

Fig. 55.

l'un dans l'autre, à frottement doux. Un bouchon à vis S permet de faire entrer de l'air dans le système. Introduisons donc de l'air, fermons hermétiquement S et suspendons CC' sous l'un des plateaux d'une balance, le cylindre C' étant enfoncé complètement dans le cylindre C (position 1), puis faisons la tare. Tirons ensuite C' de façon à l'amener dans la position (2). Immédiatement l'équilibre est détruit à l'avantage des poids, ce qui prouve que, le volume immergé dans l'air ayant augmenté, la poussée de bas en haut est devenue plus grande.

Pour rétablir l'équilibre, il suffit d'ailleurs de dévisser S ; l'air remplit tout le volume occupé primitivement par C' et l'équilibre s'établit à nouveau.

Le principe d'Archimède est donc bien vérifié dans le cas de l'air ; on opérerait identiquement pour un gaz quelconque.

Corrections aux pesées faites dans l'air. — D'après le principe d'Archimède, on conçoit qu'en pesant avec une balance un corps dans l'air, on n'aura pas le poids exact du corps lorsque ce dernier aura une densité différente de celle des poids marqués.

Soit à chercher la masse exacte x d'un corps de densité d qu'on pèse dans l'air, le poids du centimètre cube de ce dernier étant π.

La poussée que subit le corps est égale au poids du volume d'air déplacé

soit
$$\frac{x}{d}\pi$$

Le poids apparent, c'est-à-dire celui qui nous est donné dans l'air par la balance est donc

$$x - \frac{x}{d}\pi = x\left(1 - \frac{\pi}{d}\right)$$

Soit m la masse exacte des poids marqués. (Cette dernière est inscrite sur les poids eux-mêmes.)

Soit d' leur densité.

Leur poids apparent se trouve comme le précédent. Il est égal à

$$m - \frac{m}{d'}\pi = m\left(1 - \frac{\pi}{d'}\right)$$

On a donc l'égalité :

$$x\left(1-\frac{\pi}{d}\right)=m\left(1-\frac{\pi}{d'}\right)$$

d'où l'on tire $x=m\dfrac{1-\dfrac{\pi}{d'}}{1-\dfrac{\pi}{d}}$

Application.

Un morceau de platine posé sur l'un des plateaux d'une balance de précision est équilibré par des poids gradués posés sur l'autre plateau et sur lesquels on lit 50 gr. 624. Calculer le poids absolu de ce morceau de platine.

En admettant que tous les poids marqués sont formés d'un laiton de densité 8,5, que la densité du platine employé est de 21,45, et que la masse du centimètre cube d'air dans les conditions de l'expérience est $\dfrac{1 \text{ gr. } 3}{1000}$ on a

$$x = 50{,}624\ \frac{1-\dfrac{1{,}3}{8500}}{1-\dfrac{1{,}3}{21450}} = 50 \text{ gr. } 520 \text{ par excès.}$$

Centre de poussée. — Le centre de poussée ou centre de carène est le point par lequel passe constamment la poussée verticale que reçoit tout corps plongé dans un liquide, quelle que soit la position du corps dans le liquide.

C'est donc le centre de gravité du liquide déplacé.

Métacentre. — Nous avons vu que pour qu'un corps flottant soit en équilibre, la poussée devait être égale et directement opposée au poids du corps.

Mais ces conditions ne sont pas suffisantes pour assurer un équilibre stable. Il faut encore qu'un point particulier que nous allons définir, et appelé *métacentre*, soit placé au-dessus du centre de gravité du flotteur. Examinons le cas le plus intéressant, celui d'un navire dont le maître-couple est représenté (fig. 56).

Soit F_0 L_0 la flottaison droite quand le navire n'est incliné ni sur bâbord ni sur tribord. Sur les navires, le centre de gra-

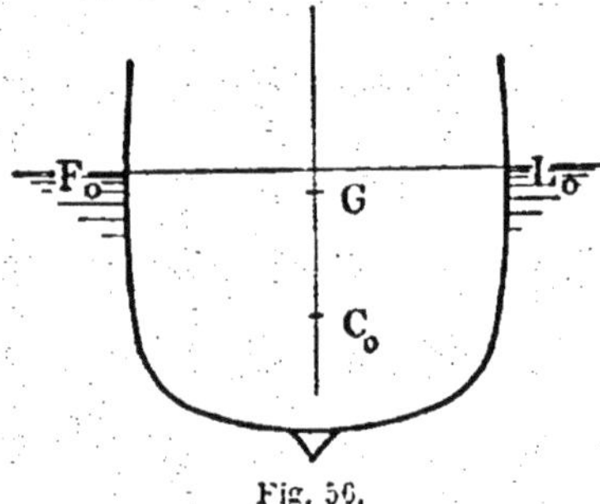

Fig. 56.

vité est ordinairement placé dans le voisinage de la flottaison, soit en G, et le centre de carène est placé au-dessous, soit en C_0. Inclinons ce navire autour d'un axe situé dans le plan longitu-

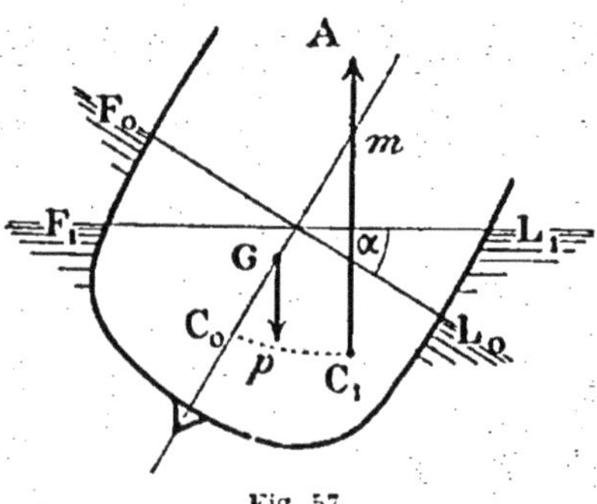

Fig. 57.

dinal de manière que le volume de la carène reste constant et cherchons les forces qui agiront sur lui.

Le navire étant incliné d'un angle très petit α, va passer dans la position indiquée figure 57. La nouvelle flottaison sera F_1L_1 et l'ancienne sera F_0L_0. Le centre de gravité, qui est un point fixe du navire, reste en G, mais le centre de carène qui est le centre de gravité de la partie immergée passe de C_0 en C_1 du côté de l'onglet immergé. La poussée appliquée en C_1 agit verticalement, c'est-à-dire perpendiculairement à la flottaison actuelle F_1L_1. La direction de cette poussée rencontre la ligne C_0G en un point m qui est dit le métacentre initial du navire quand l'angle α devient infiniment petit. Ce métacentre est relatif à l'inclinaison transversale du navire qui est la plus dangereuse.

Les forces sollicitant le navire sont, d'une part, son poids p appliqué au centre de gravité G et, d'autre part, la poussée $A = p$ qu'on peut transporter au point m.

Le navire est donc soumis au couple $pGmA$ qui tend à le redresser si le point m est situé au-dessus du centre de gravité.

L'équilibre est donc stable dans ce cas.

Si m était en dessous, le navire chavirerait.

Enfin, si m et G coïncidaient, l'équilibre serait indifférent.

On met ordinairement le couple précédent sous la forme simple suivante :

Si on désigne par h la distance C_0m, par k le bras de levier du couple et par a la distance C_0G, on a :

$$\text{moment du couple} = p.k.$$

Et, comme

$$k = (h - a) \sin$$

(en plaçant le bras de levier au point G) le moment du couple devient

$$p\,(h - a) \sin \alpha.$$

Problèmes.

1° Un morceau de fer pèse $P = 975$ grammes. Quel est son poids dans l'eau, sachant que la densité du fer est $d = 7,8$?

Solution.

Le poids apparent est égal au poids réel P, diminué de la poussée P' : $x = P - P'$.

Or la poussée P' évaluée en grammes, est égale au volume du fer mesuré en centimètres cubes, et ce dernier est donné par le quotient $V = \frac{P}{D}$. On a donc $x = P - \frac{P}{D} = \frac{P(D-1)}{D}$; ou, en remplaçant les lettres par leurs valeurs :

$$x = \frac{975 \times 6,8}{7,8} = 850 \text{ gr.}$$

2° Quelle est l'épaisseur d'un glaçon qui flotte à la surface de l'eau en émergeant d'une hauteur $h = 4$ cm, la densité de la glace étant $d = 0,918$?

Solution.

Soit x cette épaisseur et S la surface du glaçon. Le volume de l'eau déplacée est : $S(x - h)$.

En écrivant que le poids du glaçon est égal au poids de l'eau déplacée, on obtient l'équation

$$Sxd = S(x - h)$$

d'où $x(1 - d) = h$ et $x = \frac{h}{1-d}$.

En remplaçant les lettres par leurs valeurs, on trouve

$$x = \frac{4}{0,082} = 50 \text{ cm.}$$

3° Quelle est l'épaisseur du disque de plomb qu'il faut coller à un cylindre en liège de même base et de hauteur égale à

8 centimètres pour que le système reste en suspension dans l'eau (densité du plomb : 11 ; du liège : 0,24).

Solution.

Soit s la base commune aux deux cylindres, x la hauteur du disque de plomb. Pour que le système soit en équilibre dans l'eau, il faut que son poids total soit égal au poids de l'eau déplacée ; c'est-à-dire que le poids total soit mesuré par le même nombre que le volume total. La somme des volumes du plomb et du liège est $sx + s \times 8$.

La somme de leurs poids est

$$sx \times 11 + s \times 8 \times 0{,}24.$$

L'équation du problème est donc :

$$s\,(x + 8) = s\,(11x + 8 \times 0{,}24)$$

ou en divisant les deux membres par s :

$$x + 8 = 11x + 1{,}92.$$

On en tire $$10x = 8 - 1{,}92 = 6{,}08$$

d'où $$x = 0 \text{ cm. } 608.$$

APPLICATIONS

Les applications du principe d'Archimède sont extrêmement nombreuses et importantes. Nous verrons en détail, plus loin, leur utilité dans la recherche des densités.

On peut encore citer *la facilité avec laquelle on soulève de lourds fardeaux dans l'eau*, qui a été utilisée par les Egyptiens pour le transport de leurs lourdes pierres, et de tout temps pour le transport des arbres, poutres, etc. (Rivières de la Nièvre.) On s'en rend très bien compte en tirant de l'eau d'un puits au moyen d'un seau.

Vessie natatoire des poissons. — Un poisson peut à volonté se faire plus petit ou plus grand : plus petit pour descendre, plus grand pour remonter. Cette faculté lui vient d'un organe placé dans l'intérieur, au milieu du corps et nommé vessie natatoire. C'est un petit sac transparent, d'une extrême finesse, plein d'air, et qui se gonfle ou se dégonfle au gré de l'animal. Quand il se gonfle, le poisson, sans augmenter sensiblement de poids, devient plus volumineux, déplace une plus grande quantité d'eau, d'où excédent de poussée qui le fait monter ; et inversement.

Natation. Docks flottants. Navires, etc., etc.

Ludion. — Dans un bocal plein d'eau nage un petit pantin en verre peint de vives couleurs (fig. 58).

Une membrane bien tendue ferme le bocal. En touchant la membrane du doigt le bonhomme descend, en enlevant le doigt il remonte. Ce phénomène tient à une particularité de la petite boule qui surmonte le bonhomme, boule de verre à demi pleine d'eau et d'air. La quantité d'air est telle que l'appareil reste immergé, la boule flottant. Si l'on presse du doigt sur la membrane, l'air du bocal est comprimé, fait pénétrer un peu d'eau du bocal dans la boule *b* par le trou *a*, ce qui alourdit suffisamment l'appareil pour le faire descendre ; et inversement.

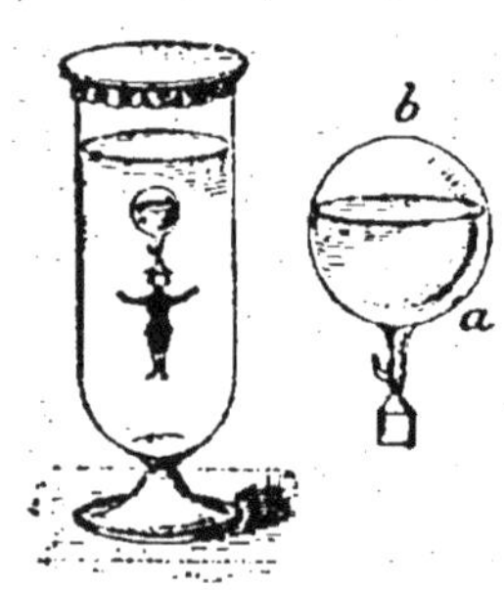

Fig. 58.

Recherche des densités. — Il ne s'agit ici que de la densité des corps n'ayant pas une forme géométrique déterminée, car dans tout autre cas le calcul suffit.

Diverses méthodes sont employées et les instruments varient suivant qu'on recherche la densité d'un solide ou d'un liquide.

Balance hydrostatique. — 1° *Solides.* — Le corps, dans ce cas, doit être plus dense que l'eau, et insoluble dedans. Considérons la balance hydrostatique que nous avons vue précédemment (fig. 53), et suspendons dessous, par un fil de poids négligeable, un morceau de plomb par exemple. Faisons la tare, dans l'autre plateau, et remplaçons le corps par des poids marqués. Nous obtiendrons par double pesée la masse M du corps.

Enlevons maintenant les poids marqués, remettons le corps en place, et immergeons-le dans un vase d'eau. L'équilibre est détruit, et pour le ramener il faut placer du côté du corps des poids marqués dont la masse M' représente celle de l'eau déplacée, c'est-à-dire d'un volume d'eau égal à celui du corps.

Par définition le rapport $\frac{M}{M'} = d$ donnera la densité de notre morceau de plomb.

On comprend maintenant qu'Archimède ait pu se rendre compte que la densité de la couronne du roi Hiéron n'était pas celle de l'or.

2° *Liquides.* — Sous l'un des plateaux d'une balance on suspend un corps quelconque, assez lourd pour pouvoir être immergé dans le liquide à étudier, un acide par exemple. (Evidemment le corps ne doit pas être attaqué.) On fait la tare. — Puis on immerge le corps dans l'acide et on rétablit l'équilibre détruit au moyen de poids marqués de masse M. On enlève ces derniers, on assèche le corps, et on le replonge dans l'eau. Pour rétablir l'équilibre, on doit mettre du côté du corps des poids dont la masse M' donne la masse d'un volume d'eau égal au corps de masse M.

Le rapport $\frac{M}{M'}$ donne bien la densité de l'acide.

Méthode du flacon. — 1° *Solides.* — Cette méthode est aussi appelée Méthode de Regnault. On se sert d'un flacon fermé

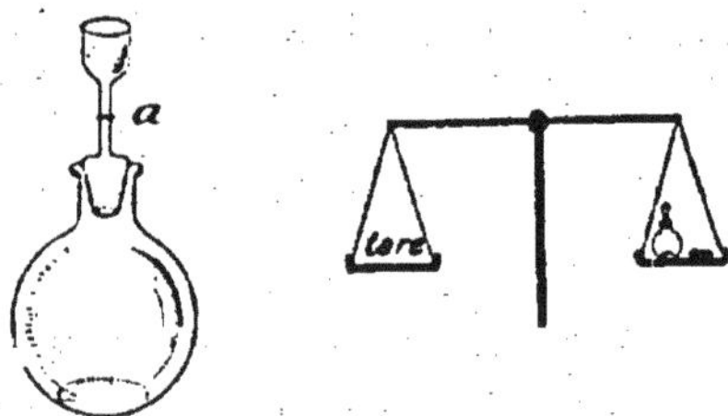

Fig. 59.

hermétiquement par un bouchon rodé creux, et terminé par un petit entonnoir. Un repère *a* existe sur la tige du bouchon (fig. 59).

On remplit d'eau le flacon jusqu'au repère, le tout bien essuyé.

On pèse ensemble, en faisant la tare, le corps et le flacon l'un à côté de l'autre dans le plateau d'une balance. Puis, l'équilibre établi, on enlève le corps et on le remplace par des poids marqués qui par double pesée donnent sa masse M.

On plonge ensuite dans le flacon le corps cassé en petits morceaux, puis, au moyen d'un buvard, on enlève l'eau en excès de façon à rétablir le niveau en *a*.

On enlève les poids marqués, et l'on remet le flacon sur le même plateau de la balance.

Pour rétablir l'équilibre détruit il faut ajouter sur ce plateau des poids M' donnant la masse du volume d'eau expulsé, égal au volume du corps.

On a donc encore $\frac{M}{M'} = d$ densité du corps.

2° *Liquides.* — Le flacon dont on se sert dans ce cas (fig. 60) porte un tube muni d'un repère *a* et terminé par un entonnoir ; il se ferme par un bouchon plein.

Le flacon vide et sec est placé dans l'un des plateaux d'une balance ; dans le même plateau on met un certain poids supérieur à celui du liquide le plus lourd qui remplira le flacon. Soit 1000 grammes. Dans ces conditions on fait la tare. Puis, on remplit le flacon jusqu'au trait du liquide dont on veut trouver la densité. Pour rétablir l'équilibre l'on enlève un certain nombre de poids de masse M représentant la masse du liquide. On remplace le liquide par de l'eau (les 1000 gr. de nouveau en place). On rétablit l'équilibre en enlevant M' grammes et le rapport $\frac{M}{M'}$ donne la densité cherchée.

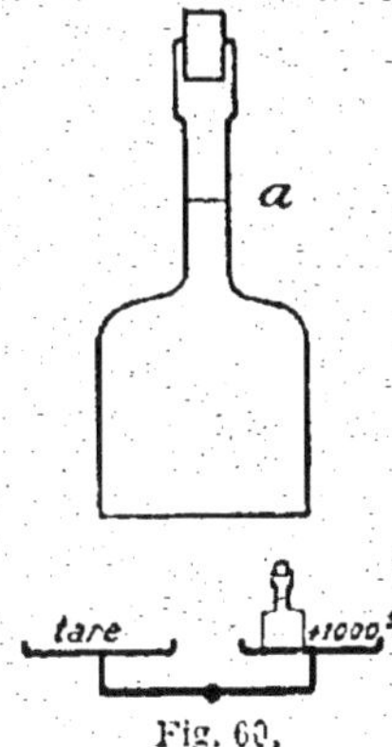

Fig. 60.

Aréomètres. — Les aréomètres sont des flotteurs basés sur le principe d'Archimède et destinés à nous faire connaître la densité des corps. Il y en a deux genres :

1° Les aréomètres à volume constant et à poids variable, dans lesquels le volume immergé de l'instrument est toujours le même, la charge seule variant.

2° Les aréomètres à poids constant et à volume variable, dans lesquels le poids de l'appareil reste le même, le volume immergé variant seul.

Dans la première catégorie sont compris l'aréomètre de Nicholson et celui de Fahrenheit et dans la seconde, l'aréomètre centésimal de Gay-Lussac, l'aréomètre de Baumé, le salinomètre réglementaire de la Marine.

Aréomètre de Nicholson. — Il se compose d'un flotteur en cuivre ou en fer verni, de forme cylindrique, et terminé en cône inférieurement et supérieurement (fig. 61). Le cône inférieur est armé d'un crochet auquel on suspend un panier conique C rempli de plomb, qui sert de lest et maintient l'instrument vertical dans l'eau. Le cône supérieur est surmonté d'une fine tige qui supporte un plateau A. Sur la tige un repère D est marqué par un trait de lime. C'est ce qu'on nomme le point d'affleurement. L'appareil se vend généralement dans un étui qui sert de vase pour opérer.

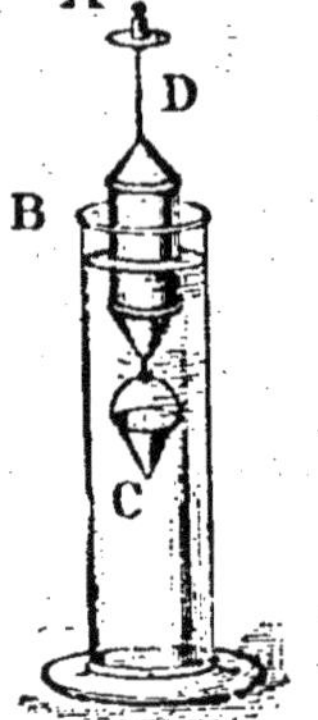

Fig. 61.

Pour cela on remplit d'eau l'étui et on y plonge l'appareil. Sur le plateau on place le corps dont on veut trouver la densité et on leste ou déleste l'appareil sur le plateau ou dans la corbeille, jusqu'à ce que l'affleurement soit produit.

Le corps est ensuite enlevé et remplacé par des poids marqués M qui donnent sa masse par double pesée. On enlève ensuite ces poids marqués et on place le corps dans la corbeille. L'appareil reçoit une poussée vers le haut représentant un poids de liquide déplacé de même volume que celui du corps. Pour rétablir l'équilibre on met sur le plateau des poids marqués de masse M'.

On aura bien par suite $d = \frac{M}{M'}$

Fig. 62.

Aréomètre de Fahrenheit. — Cet appareil, utilisé pour la recherche de la densité des liquides parfois très corrosifs, ne peut être construit en cuivre ou en fer comme le précédent, il est en verre. C'est un flotteur de verre creux B terminé inférieurement par une ampoule C pleine de mercure ou de grains de plomb ayant pour objet de lester l'appareil (fig. 62).

Une fine tige marquée d'un point d'affleurement, et surmontée d'un plateau A, termine l'aréomètre à la partie supérieure. Enfin sur le verre est gravée la masse K de l'appareil.

Plongeons le système dans le liquide à étudier, et ajoutons des poids marqués M pour produire l'affleurement au repère. On a : Poids du liquide déplacé $= K + M$.

Enlevons M ; plongeons l'appareil dans l'eau et soient M' les poids marqués ajoutés. On a dans ce cas :

$$\text{Poids de l'eau déplacée} = K + M'$$

d'où :

$$d = \frac{K + M}{K + M'}$$

Alcoomètre centésimal de Gay-Lussac. — Cet appareil est en verre et destiné à indiquer la richesse alcoolique des eaux-de-vie. Il se compose (fig. 63) d'une tige creuse, terminée à la partie inférieure par une ampoule pleine de mercure ou de menus grains de plomb servant de lest. Ce lest est réglé de telle façon que dans l'alcool absolu l'appareil s'enfonce jusque vers le haut de la tige. En ce point on marque 100. On fait ensuite un mélange de 99 parties en volume d'alcool absolu et on ajoute un volume d'eau suffisant pour faire encore 100 parties. Dans ce mélange un peu plus lourd à cause de la présence de l'eau, l'aréomètre s'enfonce moins. Au point d'affleurement on marque 99. Un second mélange est fait contenant 98 parties d'alcool et assez d'eau pour faire 100 parties. L'aréomètre s'enfonce moins encore, et le point où il s'arrête fournit la division 98.

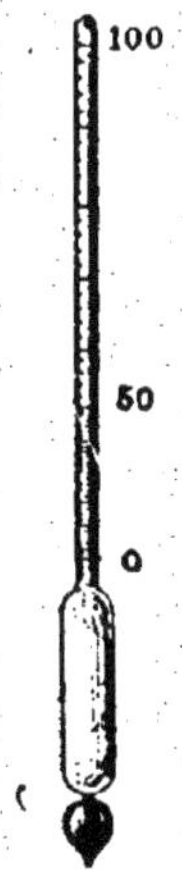

Fig. 63.

On continue de la sorte jusqu'à ce que le liquide ne soit plus que de l'eau pure. En ce point on marque 0. La graduation doit en outre être faite à 15°.

Les services que rend l'alcoomètre sont faciles à saisir : Il indique en centièmes du volume la quantité d'alcool absolu contenu dans une dissolution quelconque d'eau et d'alcool.

Aréomètres de Baumé. — Ce genre d'aréomètres ne donne pas la densité. Il ne donne pas davantage les proportions en centièmes des liquides mélangés ou des substances qui s'y trouvent dissoutes. Il indique simplement qu'un liquide est plus ou moins dense, qu'une dissolution est plus ou moins riche, sans rien préciser.

Toutefois ses indications sont très précieuses dans une foule de circonstances. On distingue deux sortes d'aréomètres de Baumé : les uns sont destinés aux liquides plus lourds que l'eau, et portent suivant l'usage que l'on en fait, le nom de pèse-acides, pèse-sirops, pèse-sels, les autres servent pour les liquides plus légers que l'eau ; tels sont les pèse-esprits, pèse-éthers, etc.

Liquides plus lourds que l'eau. — L'instrument est en verre et d'une forme analogue à celle de l'alcoomètre centésimal de Gay-Lussac (fig. 64).

Pour le graduer, on le leste de manière qu'il s'enfonce dans l'eau pure jusque vers le haut de sa tige. On marque 0 au point d'affleurement. Puis on le plonge dans une dissolution de 15 parties de sel pour 85 parties d'eau et l'on marque 15 au point d'affleurement. On divise l'intervalle 0-15 en 15 parties égales, et l'on prolonge la graduation vers le bas.

Densité de la solution saline 1,116.

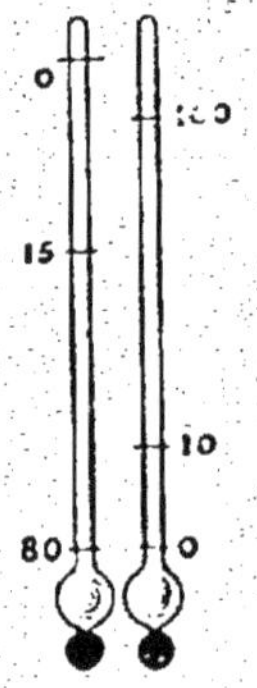

Fig. 64 et 65.

Liquides moins lourds que l'eau. — Cet aréomètre ne diffère du précédent que par son mode de graduation (fig. 65). On le fait affleurer vers le bas de sa tige dans de l'eau salée formée de 10 parties de sel et 90 parties d'eau. On marque 0 au point d'affleurement. Puis on plonge l'appareil dans l'eau pure.

L'appareil s'enfonce davantage que dans l'eau salée. On marque 10 au point d'affleurement et l'on prolonge la graduation vers le haut.

Pèse-sel réglementaire de la marine. — Le pèse-sel réglementaire de la Marine est un appareil destiné à faire connaître la concentration de l'eau des chaudières et des bouilleurs. *(On appelle concentration d'un liquide par rapport à un sel le rapport qu'il y a entre le poids d'un sel dissous dans un liquide et le poids total de la dissolution.)*

Il est en maillechort, en cuivre ou en nickel. Il se compose d'une partie parfaitement cylindrique terminée par une ampoule lestée (fig. 66).

L'appareil se leste de façon à affleurer vers le haut de la tige dans l'eau distillée.

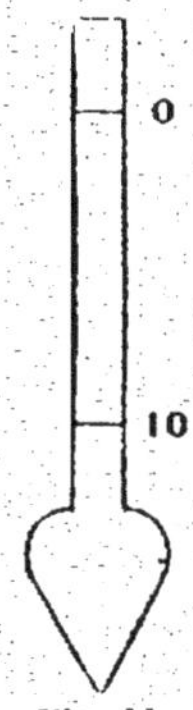

La hauteur du cylindre est de 15 centimètres et son diamètre de 8 millimètres. Le cône a 6 centimètres de hauteur et 3 centimètres de base.

0

10

Fig. 66.

Pour le graduer on le plonge dans l'eau distillée à 95° environ (température approximative de l'eau que l'on extrait de la chaudière) et l'on marque 0 au point d'affleurement. Le point 10 correspond à une concentration de 350/1000. Or cette concentration ne peut être obtenue avec le sel marin.

On peut alors déterminer un degré quelconque inférieur à 8, le degré 6 par exemple, en faisant dissoudre $6 \times 35 = 210$ grammes de sel dans $1000 - 210 = 790$ grammes d'eau distillée à 95°.

On divise l'intervalle 0-6 en six parties égales et l'on prolonge la graduation jusqu'à 10.

Remarque. — Nous avons pris un degré inférieur à 8 car vers ce dernier point l'eau est saturée par rapport au sel marin, c'est-à-dire ne peut plus en dissoudre.

Problème

Un aréomètre de Baumé marque n degrés. Trouver la densité du liquide.

Solution.

Soient p le poids de l'aréomètre exprimé en grammes, V le volume total jusqu'au zéro et v le volume de chacune des divisions de la tige.

Quand l'instrument est plongé dans l'eau, le poids du liquide déplacé $V \times 1$ est égal au poids p de l'aréomètre.

$$V = p \qquad (1)$$

Quand il est plongé dans l'eau salée, on a de même

$$(V - 15\,v)\,1{,}116 = p$$

Quand enfin on le plonge dans un liquide de densité d et qu'il affleure à la division n, on a

$$(V - nv)\,d = p \qquad (2)$$

De ces trois équations on tire, en éliminant V, v et p

$$d = \frac{15 \times 1{,}116}{15 \times 1{,}116 - n \times 0{,}116} \qquad (3)$$

équation qui peut se mettre sous la forme plus simple

$$d = \frac{144{,}3}{144{,}3 - n}$$

On a donc ainsi d en fonction de n.

Pour un liquide moins dense que l'eau, on trouverait la formule

$$d = \frac{118}{118 + n}$$

CHAPITRE VI

CAPILLARITÉ

Les lois de l'hydrostatique semblent quelquefois en défaut dans certains cas que nous allons étudier.

Examinons attentivement la surface libre d'un liquide en équilibre. Près des parois, la surface, au lieu d'être plane,

Fig. 67.

Fig. 68.

se trouve arrondie. Pour les liquides mouillant les parois, comme l'eau, la surface est concave (fig. 67) et pour ceux ne mouillant pas les parois, comme le mercure, elle est convexe (fig. 68).

Considérons maintenant deux vases communiquants, l'un large et l'autre étroit. Un même liquide n'est jamais au même niveau dans les deux branches.

Un liquide mouillant les parois s'élève plus haut dans la branche étroite que dans l'autre (fig. 69).

C'est l'inverse qui se produit dans le cas d'un liquide ne mouillant pas les parois (fig. 70).

Les surfaces sont d'ailleurs arrondies, comme nous l'avons vu dans le premier cas.

Ces phénomènes portent le nom de capillaires parce qu'ils sont surtout observables dans les tubes très petits (tubes capillaires).

On a ainsi observé que dans un tube de 0 mm. 25 de dia-

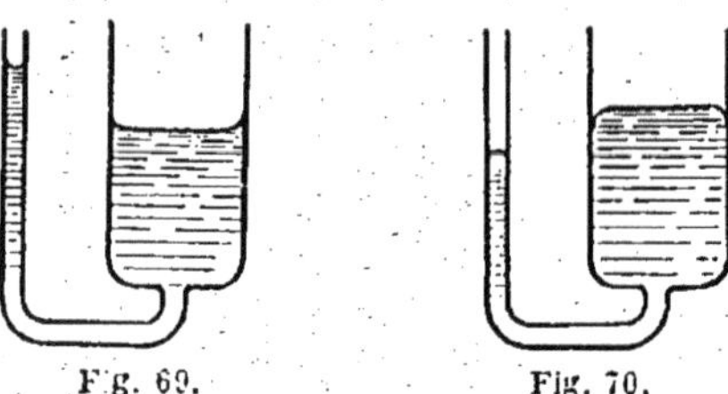

Fig. 69. Fig. 70.

mètre, la dénivellation du mercure est d'environ 20 millimètres.

Dans un tube de 1 millimètre de diamètre, elle atteint pour l'eau 30 millimètres.

Ces phénomènes sont dus à des forces d'adhérence qui sont une manifestation des forces moléculaires.

La théorie de ces phénomènes d'adhérence est assez com-

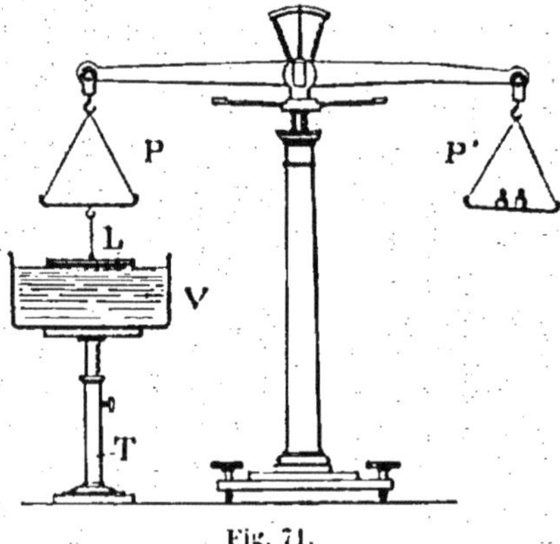

Fig. 71.

plexe. La goutte d'eau qui reste suspendue à la toiture quelque temps avant de tomber nous en donne une explication pratique. La capillarité est utilisée dans le graissage à mèche dans les machines.

On peut mettre en évidence les phénomènes de cohésion par l'expérience suivante très facile à reproduire (fig. 71).

Sous l'un des plateaux d'une balance, suspendons une lame L et établissons l'horizontalité du fléau ; puis, au moyen d'un support à crémaillère T, sur lequel repose un vase V contenant un liquide capable de mouiller la lame L, faisons adhérer le liquide et la lame.

Tout en ayant soin de ne pas rompre l'équilibre, descendons alors avec beaucoup de précautions le vase V. Le liquide semble soudé sur la lame L, tandis que le balance fléchit du côté du plateau P.

En ajoutant peu à peu de faibles poids du côté de P', l'équilibre se rétablit progressivement. Le liquide cependant continue à adhérer à L, jusqu'à ce qu'enfin la colonne liquide se sépare en deux parties, l'une, de faible épaisseur, restant fixée sur L.

Principales lois. — Les phénomènes capillaires sont régis par un certain nombre de lois.

1re *loi.* — Pour un même liquide, la dénivellation est indépendante de la forme du tube. Elle ne dépend que de sa section.

2e *loi.* — La dénivellation dépend de la nature du liquide mais non de celle du tube ou de l'épaisseur de ce dernier.

3e *loi ou loi de Jurin.* — Pour un même liquide, les dénivellations dans plusieurs tubes différents sont inversement proportionnelles aux diamètres de ces tubes.

4e *loi.* — Les dénivellations diminuent avec la température. Si celle-ci est assez élevée elles peuvent même devenir égales à zéro.

Tension superficielle. — Considérons un liquide composé de 1.000 grammes d'eau dans laquelle on fait dissoudre 10 grammes de savon et 400 grammes de sucre.

Plongeons dans ce liquide un petit *cadre* en fil de fer ABCD (fig. 72). Quand on retire le cadre, il est recouvert d'une mince nappe liquide. Sur celle-ci étendons avec précaution un petit anneau de soie S, puis perçons la membrane à l'inté-

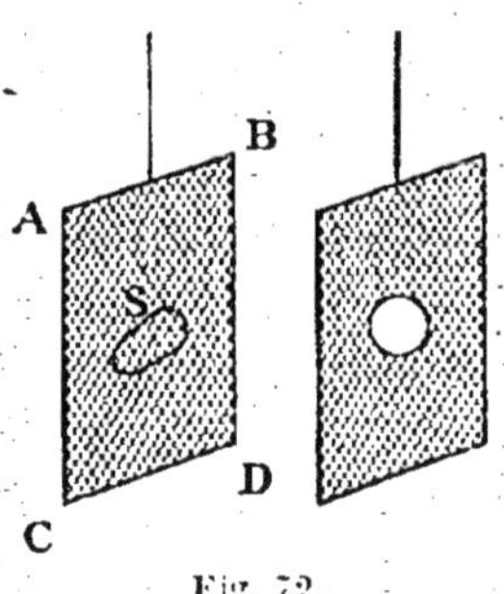

Fig. 72.

rieur de cet anneau. Celui-ci prend alors une forme parfaitement circulaire comme si des forces le tiraient uniformément dans tous les sens. Ce sont ces forces qu'on nomme *forces de tension superficielle.*

Vérification expérimentale de la loi de Jurin. — Imaginons un tube capillaire A placé dans un liquide et un phénomène de capillarité représenté par la figure 73. Désignons par h la hauteur d'un cylindre de liquide ayant pour diamètre le diamètre du tube D et pour volume le volume du liquide soulevé au-dessus du plan de séparation. Le ménisque supérieur a une forme hémisphérique qui vient se rattacher tangentiellement aux parois du tube. Coupons ce ménisque par le plan diamétral xy. Pour que l'équilibre ne soit pas rompu, nous devrons soutenir le ménisque par des forces verticales telles que f, qui seront la tension superficielle aux divers points de la circonférence de section.

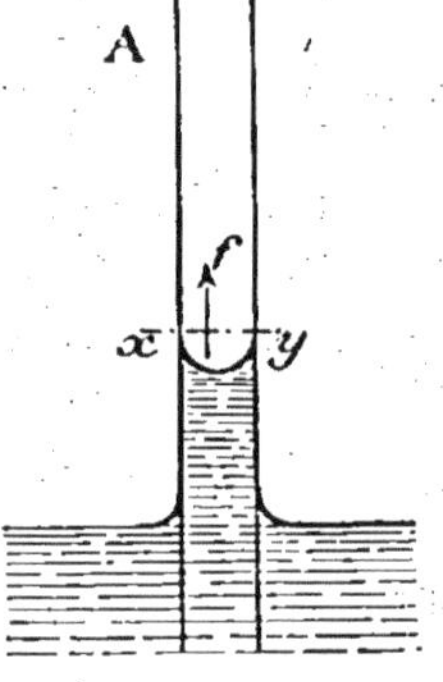

Fig. 73.

Σf = cylindre liquide de hauteur h, de densité d et de diamètre D. On a alors :

$$f.\pi D = \frac{\pi D^2}{4} h.d$$

On en tire $$h = \frac{4f}{D d}$$

Pour un autre tube, on eût eu

$$h' = \frac{4f}{D' d}$$

d'où $$\frac{h}{h'} = \frac{D'}{D}$$

Théorie de la formation des gouttes. — Chacun de nous s'est amusé parfois à suivre la formation d'une goutte au bord d'un toit par exemple. On voit peu à peu la goutte se former,

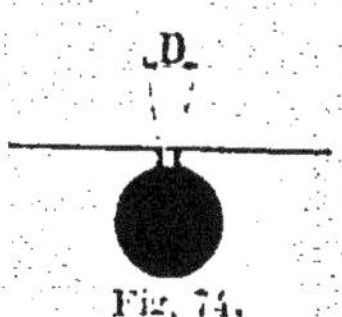

Fig. 74.

grossir, puis rester suspendue par les forces de tension superficielle qui font équilibre à l'action de la pesanteur pendant un certain temps ; puis enfin la goutte tombe. Or au moment de la chute on distingue un léger étranglement à la partie supérieure de la goutte (fig. 74).

Soit D le diamètre de l'orifice par où passe la goutte. Au

moment de la chute, la force qui la retient (si f est la force de tension superficielle) est

$$f.\pi\ D$$

On a donc, comme tout à l'heure

$$f.\pi\ D = P$$

P étant le poids de la goutte.
mais $f.\pi\ D =$ constante, d'où $P =$ constante.

C'est le principe du compte-gouttes, si utile dans beaucoup de cas et bien connu des mécaniciens dans le graissage des machines.

CHAPITRE VII

PRESSION ATMOSPHÉRIQUE BAROMÈTRES

L'air est pesant. — Comme tout ce qui est matière, l'air est pesant, ainsi d'ailleurs que tous les gaz. Pour s'en convaincre, il suffit de peser un vase bouché et plein d'air ; puis enlever l'air du vase, le reboucher hermétiquement et le peser de nouveau. Dans ce dernier cas, le flacon aura diminué de poids.

On a pu ainsi déterminer que la masse du litre d'air était 1 gr. 293, à la température de 0° et à la pression de 76 centimètres de mercure (nous verrons plus loin ce que signifient ces expressions).

La même expérience, répétée pour tous les gaz, permet de connaître la masse d'un volume déterminé, et par suite la densité de chacun d'eux. En particulier, la densité de l'air, c'est-à-dire le poids d'un centimètre cube, est d'environ $\frac{1}{773}$ ou 0,001293 de gramme.

Atmosphère. — L'atmosphère est une couche d'air qui enveloppe la terre, et dont la hauteur est d'une quinzaine de lieues. (C'est cette épaisseur qui donne à l'air incolore la couleur bleue bien connue). Il en résulte donc qu'une telle couche d'air est pesante et que par suite chacun de nous supporte constamment une certaine pression. Celle-ci a été trouvée égale à 1 kg. 033 par centimètre carré et peut, d'ailleurs, être mise en évidence par diverses expériences.

Hémisphères de Magdebourg. — Ce petit appareil est dû à un bourgmestre de Magdebourg, nommé Otto de Guéricke. Il se compose de deux hémisphères creux A et B, munis d'un joint à emboitage qui peut être rendu parfaitement étanche par l'interposition d'une rondelle de cuir (fig. 75).

L'hémisphère A porte une boucle B et un robinet R. Dans les conditions ordinaires, si l'on rapproche A et B et qu'on les emboite, on les sépare aussi très facilement. Mais si, une fois emboités, on fait à l'intérieur, le vide, maintenu ensuite par la fermeture du robinet R, il devient presque impossible de séparer les deux hémisphères. La résistance de ceux-ci est d'ailleurs d'autant plus grande que leur surface l'est elle-même davantage. Ainsi Otto de Guéricke fit construire des hémisphères assez grands pour résister à la traction de 20 chevaux tirant de toutes leurs forces sur l'anneau A (B étant solidement retenu).

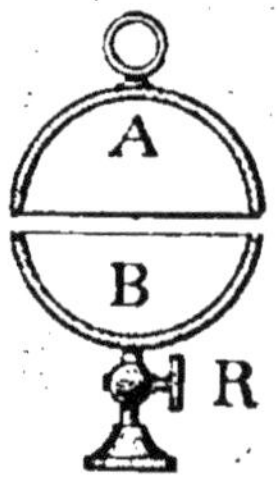

Fig. 75.

Crève-vessie. — Prenons un manchon de verre dont l'un des bords bien rodé peut s'appliquer sur le plateau d'une machine pneumatique (machine à faire le vide, que nous étudierons plus tard). L'autre extrémité est recouverte d'une membrane en parchemin bien tendue et solidement fixée sur le manchon. Dès que le vide commence à se faire dans l'appareil, la membrane se tend dans le sens de la flèche, puis avec un bruit violent, se brise comme l'indique la fig. 76.

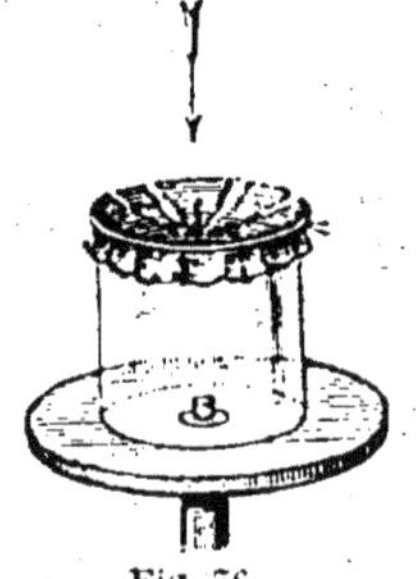

Fig. 76.

Tout le monde connait enfin l'expérience qui consiste à

coller une feuille de papier sur un verre plein d'eau. Cette feuille se maintient en place lorsqu'on retourne le verre sens dessus dessous, la pression atmosphérique agissant sur la feuille étant supérieure au poids de l'eau.

Expérience de Torricelli. — La plus belle et la plus utile des expériences faites sur la pression atmosphérique est sans conteste due à Torricelli et aussi à Pascal qui la vérifia et lui donna plus d'ampleur.

C'est en 1643 que Torricelli fit son expérience. Il prit un tube de verre d'environ 1 mètre de long et le remplit de mercure. Puis, il renversa le tube, en le bouchant avec le doigt, dans une cuve à mercure. Le mercure descendit alors dans le tube et s'arrêta à une distance verticale du niveau dans la cuvette d'environ 76 centimètres (fig. 77).

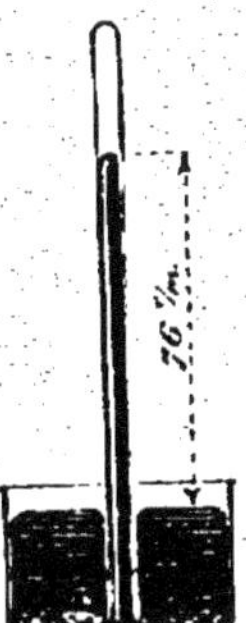

Fig. 77.

L'expérience, renouvelée plusieurs fois, donna les mêmes résultats ; de même quelle que fût la longueur du tube ou son inclinaison. Quand cette longueur était moindre que 76 centimètres, le tube se remplissait complètement.

Or, par analogie avec ce qui se passe dans les vases communiquants, on pouvait déjà conclure que la colonne de mercure faisait tout simplement équilibre à la pression atmosphérique puisqu'au-dessus du mercure, dans l'espace qu'on a nommé depuis *chambre barométrique*, le vide existait.

Peu après, d'ailleurs, Pascal montra que dans les mêmes conditions, un autre liquide devait s'élever à une hauteur qui fût à 76 centimètres dans le rapport inverse de 13,6 à sa densité.

Le fait fut vérifié pour l'eau rougie avec du vin sur une tour de Rouen. L'eau s'éleva à environ 10 m. 33.

En outre, par l'intermédiaire de son beau-frère Périer, qui opéra au Puy-de-Dôme, Pascal vérifia qu'à mesure qu'on s'élevait la hauteur du mercure dans le tube de Torricelli diminuait, ce qui confirmait bien l'hypothèse puisque le poids de l'atmosphère diminue avec l'altitude. Au sommet du Puy-de-Dôme, par exemple, à 974 mètres environ au-dessus du pied de la montagne, le mercure s'élevait seulement à 626 millimètres alors qu'au pied il s'élevait à 712 millimètres.

Le phénomène s'explique d'ailleurs théoriquement.

Considérons le plan horizontal du mercure dans la cuvette. Un centimètre carré de ce plan reçoit dans le tube une pression de 76 cm. × 13,6 = 1033 grammes.

Un centimètre carré, en dehors du tube, reçoit la pression atmosphérique, c'est-à-dire qu'une atmosphère équivaut à

$$76 \times 13{,}6 = 1033 \text{ grammes ou } 1 \text{ kg. } 033$$

Il est intéressant de calculer quelle peut être la pression exercée par l'atmosphère sur un homme dont la surface est d'environ 1 mq. 70.

Celle-ci est de 1,033 × 17000 = 17561 kilogrammes, pression énorme comme l'on voit, mais que nous supportons sans nous en douter parce qu'elle s'exerce aussi bien à l'extérieur qu'à l'intérieur de notre corps et que nos organes sont adaptés à ce milieu.

Différentes manières d'évaluer les pressions dans les machines. — Dans les machines, on évalue les pressions en *atmosphères*, en *kilogrammes*, en *centimètres de mercure*, ou en *millimètres d'eau*.

Les pressions s'évaluent toujours par centimètre carré.

On vient de voir que

$$1 \text{ atmosphère} = 76 \text{ cm. de mercure.}$$

Or la densité du mercure = 13,6.

Donc 76 cm. = 76 × 1 × 13,6 = 1 kg. 033.

La densité de l'eau étant 1 on a

$$1 \text{ kg. } 033 = 10 \text{ m. } 33 \text{ d'eau}$$

Donc en résumé

1 atmosphère = 76 centimètres de mercure = 1 kg. 033 = 10 m. 33 d'eau.

(Le signe = est mis ici pour *équivalent à*).

Baromètres. — La hauteur de 76 centimètres dont nous avons parlé n'est pas constante. Selon l'état de l'atmosphère, cette hauteur peut être supérieure, égale ou inférieure à 76 centimètres. On conçoit donc qu'en graduant convenablement un tube de Torricelli on puisse avoir un appareil susceptible de nous donner de précieuses indications sur l'état général du temps, qui se trouve intimement lié avec la pression atmosphérique.

Tel quel, il est bien évident que l'appareil auquel on a donné le nom de *baromètre*, ne serait pas très pratique. Un grand nombre d'appareils sont aujourd'hui en service. L'un des modèles les mieux réputés est le baromètre de Fortin, très en usage dans la marine.

Baromètre de Fortin (fig. 78, 79, 80). — Ce baromètre est portatif et on peut le maintenir vertical au moyen d'une suspension à la Cardan dont la figure 78 donne schématiquement la vue en plan. Le tube porte deux petits tourillons *a* et *b* situés suivant un diamètre et qui peuvent osciller dans deux coussinets appartenant à une pièce A. Celle-ci porte encore, suivant un diamètre, mais perpendiculairement au premier, deux axes pouvant osciller dans une pièce fixe B. La mobilité de ce mode de suspension laisse prendre de lui-même, au baromètre, la position verticale comme le ferait un fil à plomb (fig. 79).

Le baromètre se compose d'un tube de Torricelli A terminé par une pointe effilée plongeant dans une cuvette en verre B ; celle-ci est garantie par une gaine en laiton C et munie d'un fond mobile formé d'une peau de chamois D. Ce fond peut être soulevé ou abaissé à volonté au moyen d'une vis E, de façon à pouvoir toujours, au moment de la lecture, faire affleurer le mercure de la cuvette à l'extrémité inférieure d'une pointe d'ivoire fixe F. Le joint de la gaine et du tube se fait

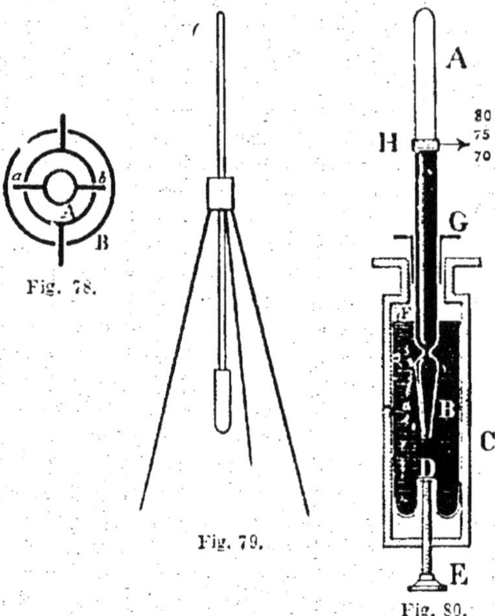

Fig. 78.

Fig. 79.

Fig. 80.

au moyen d'une peau de chamois G. Le tube est enfin enveloppé d'un étui métallique percé de deux fentes longitudinales, qui permettent de voir la colonne mercurielle. L'une de ces fentes porte sur un bord une graduation en millimètres dont le zéro correspond à la partie inférieure de la tige d'ivoire. Un curseur H avec vernier facilite d'ailleurs la lecture.

Quand on veut transporter l'appareil, on serre la vis E jusqu'à ce que la cuvette et le tube soient complètement remplis de mercure. On évite ainsi les chocs du mercure sur le verre. Tout le système est enfermé dans un étui en cuir.

Baromètre à siphon (fig. 81). — Un autre genre de baromètre à mercure, assez différent de celui dont nous venons de parler, est le baromètre à siphon. C'est en principe un tube recourbé à deux branches, l'une d'une hauteur supérieure à 76 centimètres et fermée, l'autre assez petite et ouverte.

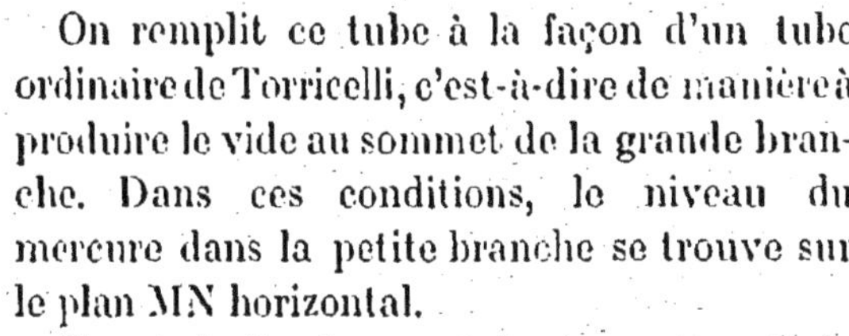

Fig. 81.

On remplit ce tube à la façon d'un tube ordinaire de Torricelli, c'est-à-dire de manière à produire le vide au sommet de la grande branche. Dans ces conditions, le niveau du mercure dans la petite branche se trouve sur le plan MN horizontal.

Il est facile de se rendre compte que la pression atmosphérique sera toujours mesurée par la distance des deux niveaux inférieur et supérieur du mercure.

L'appareil est généralement fixé sur une planchette qui porte la graduation. Gay-Lussac a perfectionné cet appareil.

Construction d'un baromètre. — Pour qu'un baromètre soit susceptible de donner des indications exactes, la chambre barométrique ne doit contenir ni air, ni eau, ni vapeur d'aucune sorte. Aussi aura-t-on de grandes chances de réaliser cette condition en employant du mercure parfaitement pur, en lavant bien les tubes à l'acide et à l'eau, et en les asséchant parfaitement.

Le mercure est purgé de toute humidité en le portant à l'ébullition dans le tube même et sur toute sa longueur. Pour s'assurer qu'il ne reste ni air ni gaz dans l'appareil, il n'y a qu'à le soulever ou l'enfoncer dans la cuvette ; le niveau du mercure ne doit pas bouger. Si le vide n'est pas parfait la colonne mercurielle augmente quand on soulève le tube et elle diminue quand on l'abaisse.

Baromètres métalliques. — 1° *Système Bourdon* (fig. 82). — Cet appareil se compose essentiellement d'un tube T à section elliptique (fig. 83).

Ce tube est en partie vide d'air, fermé à ses deux extrémités qui s'articulent à chaque bout d'un levier *ab* tournant autour d'un axe et entrainant dans ses oscillations un secteur denté qui donne le mouvement à une aiguille par l'intermédiaire du pi-

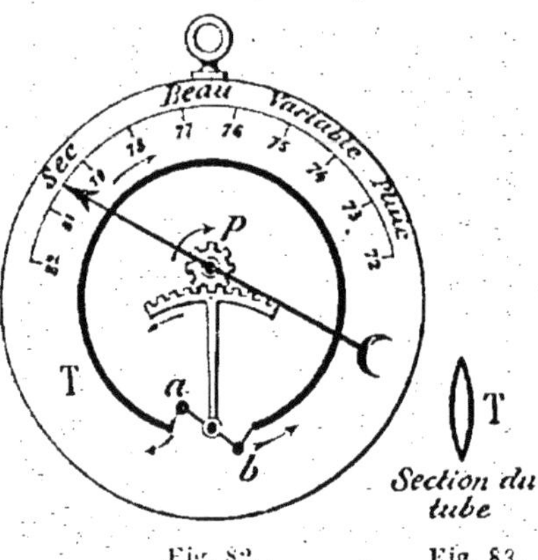

Fig. 82. Fig. 83.

gnon *p*. L'aiguille se déplace sur un cadran gradué en centimètres de mercure ou en indications de prévision du temps. Le mouvement est produit par le plus ou moins grand aplatissement du tube sous l'effet de la pression atmosphérique. (Nous démontrerons au chapitre des manomètres qu'une variation de la pression fait augmenter ou diminuer le rayon moyen du tube et par suite ouvrir ou fermer ce dernier.) Le sens des flèches indique ce qui se produit quand la pression diminue.

Baromètre de Vidi.— Il se compose d'une boîte en maille-

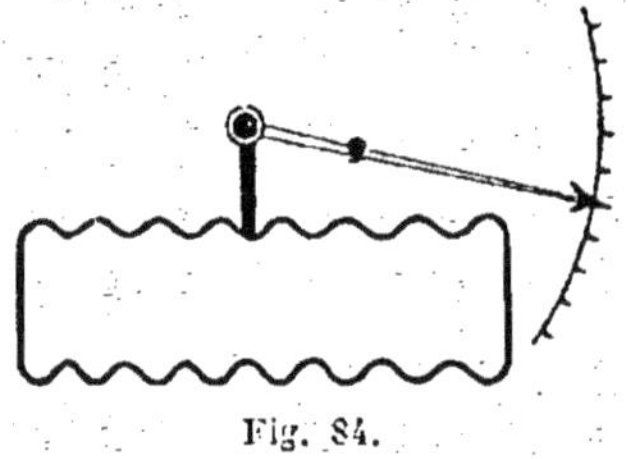

Fig. 84.

chort dont les faces sont ondulées et dans laquelle on a fait un vide partiel (fig. 84). La boîte se comprime ou se dilate suivant que la pression augmente ou diminue et ces variations sont données par une aiguille qui les amplifie sur un cadran.

Baromètre enregistreur. — Richard a utilisé le baromètre précédent en fixant un crayon sur l'aiguille et remplaçant le cadran par un cylindre animé d'un mouvement de rotation grâce à un mouvement d'horlogerie. Le cylindre fait généralement un tour par semaine et la feuille porte sept divisions représentant les jours et divisées en 24 parties correspondant aux 24 heures de la journée. Verticalement sont portées les pressions en centimètres. On obtient ainsi les variations graphiques d'heure en heure et pour toute une semaine (fig. 85 et 86)

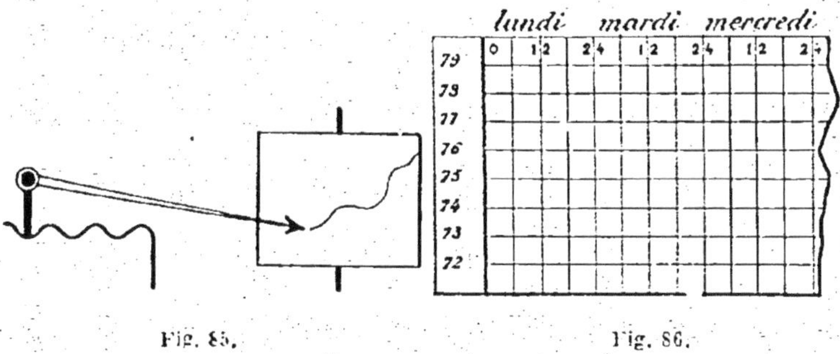

Fig. 85. Fig. 86.

Autres usages du baromètre. — Le baromètre, en raison de la diminution de la pression à mesure que l'on s'élève, peut servir à mesurer les hauteurs.

On emploie couramment la formule de Laplace modifiée par Babinet pour les hauteurs inférieures à 1500 mètres.

$$H = 16.000 \left[1 + 0{,}002 \, (T + t)\right] \left(\frac{P - p}{P + p}\right)$$

T et P température et pression atmosphérique sur le sol.

t et p température et pression atmosphérique au lieu où l'on opère.

On peut d'ailleurs employer une formule plus simple lorsqu'on ne s'élève pas sensiblement au-dessus du niveau de la mer pour que la densité de l'air soit sérieusement influencée.

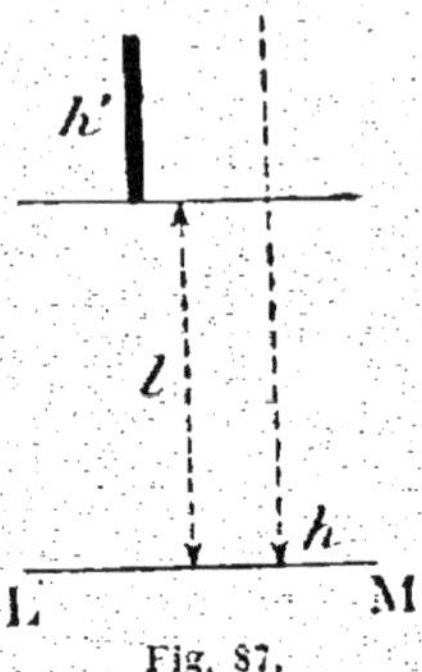

Fig. 87.

Soit LM la ligne au niveau de la mer, h la pression correspondante, h' la pression mesurée à une certaine distance x de LM.

Le poids de la colonne d'air x équivaut donc au poids d'une colonne mercurielle $h - h'$ et en appliquant le principe des vases communiquants on peut écrire

$$\frac{h - h'}{x} = \frac{0,001293}{13,6}$$

$$\text{d'où } x = \frac{(h - h')\,13,6}{0,001293} = 10000\,(h - h') \text{ approximativement.}$$

Pour $h - h' = 1$, on a $x = 10.000$ cm. $= 100$ mètres, autrement dit, en s'élevant de 100 mètres au-dessus du niveau de la mer, le mercure descend d'environ *un centimètre.*

Aérostats. — Un aérostat ou ballon est un appareil de forme généralement sphérique ou ellipsoïdale et constitué par une enveloppe close et imperméable remplie d'un gaz plus léger que l'air (du gaz d'éclairage ou de l'hydrogène). Souvent l'aérostat est muni d'une nacelle dans laquelle peuvent prendre place une ou plusieurs personnes.

On conçoit que, d'après le principe d'Archimède, si la somme du poids de l'aérostat et de ses accessoires et du poids du gaz contenu est plus faible que le poids du volume d'air déplacé, l'appareil pourra s'élever dans les airs.

La différence entre la poussée reçue et le poids total précédent se nomme *force ascensionnelle* de l'aérostat.

En pratique, on ne gonfle pas complètement un aérostat. En effet, la pression atmosphérique diminue à mesure que l'on s'élève. Par suite, la pression du gaz intérieur devient prépondérante et pourrait, à un moment donné, faire éclater l'enveloppe. Quand les aéronautes veulent descendre, ils ouvrent une soupape spéciale qui laisse échapper une certaine quantité de gaz, ce qui fait diminuer le volume du ballon.

Par suite la pression étant moindre, ce dernier descend.

Pour monter ils jettent du lest constitué par du sable embarqué au départ.

PROBLÈME 1

Un liquide pèse 2720 kilogrammes par mètre cube. Quelle devrait être l'épaisseur d'une couche de ce liquide qui ferait équilibre à la pression atmosphérique ?

Solution.

Désignons par x l'épaisseur cherchée :

En égalant entre elles les pressions par centimètre carré, on peut écrire

$$2,720\, x = 76 \times 13,6$$

d'où

$$x = \frac{76 \times 13,6}{2720} = 380 \text{ cm.}$$

Il faudrait donc une couche de 3 m. 80 de ce liquide.

PROBLÈME 2

Un baromètre de Bourdon marque 745 millimètres au haut d'une falaise et 750 au bas. Quelle est la hauteur de cette falaise ?

Solution.

La formule est :

$$x = 100\,(h - h').$$

h et h' étant exprimés en centimètres.

Donc $x = 100\,(75 - 74{,}5) = 100 \times 0{,}5 = 50$ mètres.

PROBLÈME 3

Un ballon gonflé d'hydrogène a un volume au départ égal à 3225 mètres cubes. Quelle est sa force ascensionnelle ? Le poids d'un mètre cube d'hydrogène est de 89 grammes. L'enveloppe, la nacelle et les agrès pèsent 2.000 kilogrammes. Tout ce système représente un volume de 2 mètres cubes.

Solution.

La poussée est égale au poids de 3227 mètres cubes d'air, soit

$$3227 \times 1 \text{ kg. } 293 = 4172 \text{ kg. } 511$$

Le poids total de l'appareil est constitué par les 2.000 kilogrammes indiqués dans l'énoncé auxquels il faut ajouter le poids de l'hydrogène, soit

$$2000 + 3225 \times 0{,}089 = 2287 \text{ kg. } 025$$

La force ascensionnelle est donc de

$$4172{,}511 - 2287{,}025 = 1885 \text{ kg. } 5.$$

CHAPITRE VIII

LOI DE MARIOTTE. — MANOMÈTRES

Nous avons vu que les gaz étaient doués de la double propriété remarquable d'être compressibles et expansibles presque à volonté.

Une loi — non pas absolument rigoureuse, mais très sensiblement exacte dans la pratique — donne une expression intéressante des relations qui se maintiennent entre le volume et la pression, lorsque la température ne varie pas.

Loi de Mariotte. — A température constante, les volumes occupés par une certaine masse de gaz sont inversement proportionnels aux forces élastiques correspondantes de cette masse. Si donc nous appelons V, V', V'', H, H', H'' les volumes et pressions correspondantes que prend successivement une certaine masse de gaz M, on devra avoir

$$\frac{V}{V'} = \frac{H'}{H} \quad \frac{V}{V''} = \frac{H''}{H} \quad \frac{V'}{V''} = \frac{H''}{H'}..., \quad \text{etc., ou encore}$$

$$VH = V'H' = V''H''..., \text{ etc.}$$

Cette loi ne se vérifie qu'expérimentalement, et pour cela on considère deux cas, suivant que la force élastique du gaz est inférieure ou supérieure à la pression atmosphérique. En outre, les expériences se font généralement avec l'air.

N. B. — La force élastique d'un gaz est aussi sa pression.

Pressions inférieures à l'atmosphère. — Pour cette vérification, on utilise un tube de Torricelli assez long et gradué en divisions égales, en centimètres par exemple, et une cuvette spéciale, très longue, nommée cuvette profonde. On verse du mercure dans le tube, mais de façon qu'il ne soit pas plein, et en le bouchant avec le doigt on le renverse dans la cuvette profonde, qui, pour la circonstance, a été remplie de mercure. On tire alors le tube dans un sens ou dans l'autre, jusqu'à ce que le mercure du tube vienne au même niveau que le mercure dans la cuvette. A ce moment, la pression de l'air dans le tube est évidemment égale à la pression atmosphérique. Supposons que son volume corresponde à 5 divisions (fig. 88).

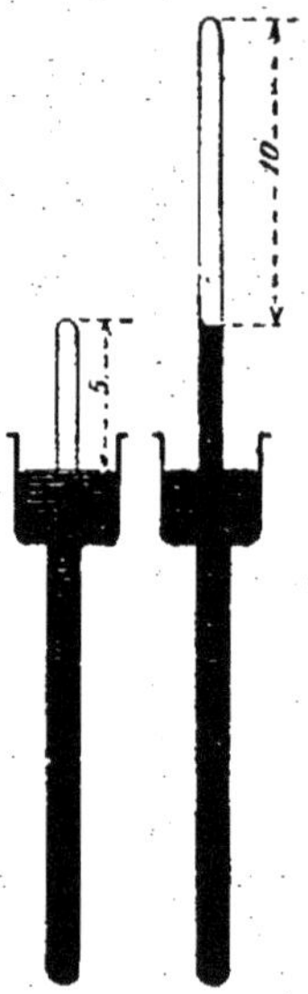

Fig. 88. Fig. 89.

Soulevons maintenant le tube, jusqu'à porter à 10 le nombre de divisions. Le mercure a alors monté dans le tube. La pression dans le tube au niveau de la cuvette est égale à celle de l'air plus celle de la colonne de mercure et, en outre, égale à la pression atmosphérique du moment. Supposons celle-ci de 74 centimètres. En mesurant la colonne de mercure, on trouve $\frac{74}{2} = 37$ centimètres (fig. 89).

La pression de la colonne d'air est donc aussi de 37 centimètres, c'est-à-dire que la pression a diminué de moitié, tandis que le volume a doublé.

La formule trouvée se vérifie identiquement pour n'importe quelle autre pression inférieure à 1 atmosphère.

Pressions supérieures à l'atmosphère. — On utilise dans ce cas un tube spécial dit tube de Mariotte. C'est un tube en U dont l'une des branches est fermée et beaucoup plus courte que l'autre ouverte. Le tube est fixé sur une planchette de bois. Soit un trait xy perpendiculaire à l'axe du tube, et imaginons à partir de ce trait la petite branche partagée en parties égales, 50 par exemple. Versons du mercure dans la grande branche, de façon que dans les deux branches le niveau du liquide soit sur la droite xy, supportant par suite de chaque côté la pression atmosphérique (fig. 90) (1).

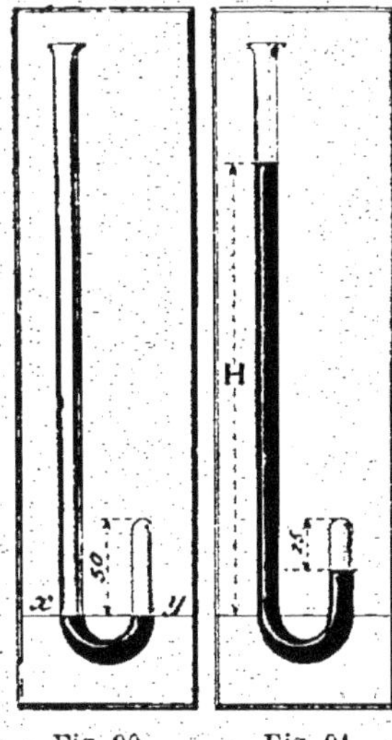

Fig. 90. Fig. 91.

Versons ensuite dans la grande branche du mercure, jusqu'à ce qu'il monte à la division 25 dans la petite branche (fig. 91). De ce côté, le volume de l'air a diminué de moitié. De l'autre côté, la colonne de mercure H fait équilibre à la pression de cet air.

Or si l'on mesure cette colonne, on trouve un nombre égal à la pression atmosphérique du moment. Sur le plan de séparation du mercure et de l'air agit donc une pression égale à 2H, ce qui vérifie la loi. Celle-ci se vérifierait d'ailleurs de la même manière pour toute autre pression supérieure à la pression atmosphérique.

Mélange des gaz

Loi de Dalton. — Lorsque plusieurs gaz se trouvent ensemble dans un récipient et n'exercent aucune action chimique les

(1) Cette opération assez délicate ne réussit qu'après un certain nombre de tâtonnements.

uns sur les autres, chacun d'eux obéit à la loi de Mariotte comme s'il était seul et la pression finale est égale à la somme des pressions que chacune des masses de gaz particulières aurait si elle occupait seule le récipient.

Soit un récipient de volume V dans lequel on introduit des volumes v, v_1, v_2 de gaz aux pressions h, h_1, h_2. Les nouvelles pressions correspondant à chacune de ces masses de gaz deviennent

$$x = \frac{vh}{V} \qquad x_1 = \frac{v_1h_1}{V} \qquad x_2 = \frac{v_2h_2}{V}$$

et la pression finale

$$H = x + x_1 + x_2$$

soit

$$H = \frac{vh}{V} + \frac{v_1h_1}{V} + \frac{v_2h_2}{V}$$

ou

$$VH = vh + v_1h_1 + v_2h_2$$

Donc dans un récipient fermé contenant différents gaz à des pressions diverses, le produit volume-pression final est égal à la somme de tous les produits volume-pression correspondant à chaque gaz avant son introduction dans l'enceinte.

Pour vérifier expérimentalement ce principe, il suffit de mettre en communication les récipients v, v^1, v_2

$$(v + v_1 + v_2) = V$$

et de mesurer la force élastique finale. On verra que

$$H = x + x_1 + x_2$$

Considérons la formule, les pressions x, x_1, x_2 étant déterminées comme on l'a vu précédemment.

$$H = \frac{vh}{V} + \frac{v_1h_1}{V} + \frac{v_2h_2}{V} \text{ et faisons } h = h_1 = h_2$$

Il vient $H = \frac{h(v + v_1 + v_2)}{V} = \frac{h(v + v_1 + v_2)}{v + v_1 + v_2} = h$

La pression du mélange dans ce cas serait égale à celle des gaz avant d'être mélangés. C'est cette partie de la loi qu'a vérifié Berthollet.

Ce savant prit deux flacons d'égal volume et pouvant communiquer entre eux (fig. 92.) Il remplit le ballon supérieur d'hydrogène, l'inférieur d'acide carbonique à la même pression. Puis on ouvrit les robinets R et R'.

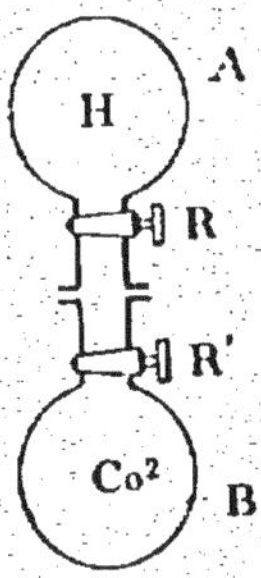

Fig. 92.

Après un certain temps de communication, on referma les deux ballons : on examina le contenu de chacun d'eux.

Dans A comme dans B les proportions des deux gaz étaient les mêmes et la pression du mélange gazeux était rigoureusement égale à la pression avant le mélange.

Loi de Henry. — A température constante, le rapport entre le volume v d'un gaz dissous par un liquide de volume V est constant si on mesure le volume du gaz dissous à la pression correspondant à la dissolution. Autrement dit, si un liquide dissout v litres d'un gaz sous la pression qu'exerce le gaz de volume V lorsque la dissolution est complète,

on a : $\frac{v}{V} = \text{constante.}$

Il en résulte que le poids de gaz dissous est proportionnel à la pression.

Coefficient de solubilité. — On appelle coefficient de solubilité d'un liquide par rapport à un gaz à une température déterminée, le volume de gaz dissous par l'unité de volume du liquide.

En appelant K ce coefficient on aura par suite : $K = \frac{v}{V}$.

Dissolution d'un mélange de gaz. — Cette loi a été énoncée par Dalton.

Lorsqu'un liquide est en contact avec un mélange de gaz, et qu'aucune action chimique ne se produit chacun de ces derniers se dissout comme s'il occupait seul le volume du mélange, la pression finale de chacun des gaz ne variant pas.

Ainsi l'air est composé en volume de une partie d'oxygène pour 4 parties d'azote ; autrement dit, le volume de l'oxygène contenu dans un certain volume d'air est le 1/5 de ce dernier.

Si donc l'oxygène de l'air subsistait seul dans l'atmosphère, sa pression serait le 1/5 de ce qu'elle est actuellement, soit 1/5 d'atmosphère.

La quantité d'oxygène dissous sous cette pression serait la même qu'en faisant dissoudre de l'air sous la pression atmosphérique.

Manomètres. — Les manomètres sont des instruments destinés à indiquer les pressions des liquides, des vapeurs et des gaz.

On sait que l'unité de pression ou de force est la dyne par centimètre carré. On emploie souvent aussi la mégadyne ou barie (1 million de dynes) par centimètre carré. Mais, dans la pratique, les manomètres sont gradués en atmosphères par centimètre carré, en kilogrammes ou en millimètres d'eau. Dans la marine, on emploie seulement les graduations en kilogrammes, en millimètres ou centimètres d'eau.

On distingue trois genres principaux de manomètres : les *manomètres à air libre*, les *manomètres à air comprimé* et les *manomètres métalliques*.

Manomètre à air libre. — La figure 93 représente un manomètre à air libre à deux branches parallèles. Le côté B fixé au récipient C par une bride, communique avec le fluide, le côté B', communiquant avec l'atmosphère. L'instrument contient du mercure dont les niveaux dans les deux branches restent égaux tant que la pression est égale des deux côtés ; l'indicateur *i* (baguette en bois surmontée d'un index) monte et descend avec le niveau en B'. Il marque 0 à l'échelle E quand il y a équilibre de pression dans les deux branches. Lorsque la pression du fluide qui agit en B est supérieure à celle de l'air, elle fait monter le niveau dans cette branche et le fait descendre en B. La flèche *i* indique alors la pression à condition que les graduations de l'échelle soient marquées en chiffres comme si elles étaient espacées de 1 (centimètre ou millimètre) bien qu'elles ne le soient que d'un demi. C'est qu'en effet l'abaissement du mercure du côté B détermine l'ascension d'une même quantité du côté B', et la pression égale à la différence des deux niveaux doit être exprimée par la somme des deux déplacements.

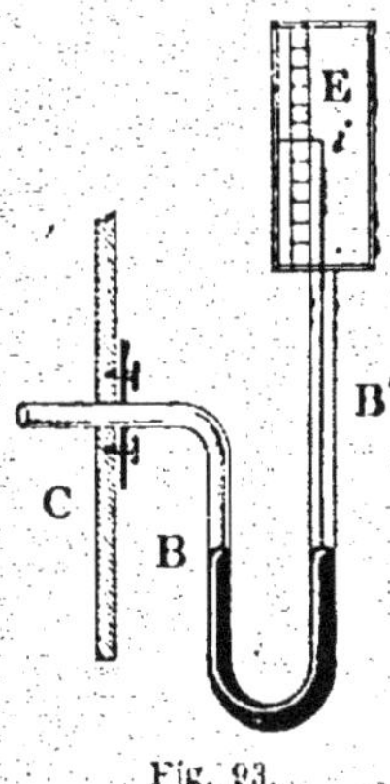

Fig. 93.

Ce manomètre est surtout employé dans la marine sous le nom d'*anémomètre*. Le liquide est de l'eau, on l'utilise pour la pression d'air dans les chambres de chauffe, ou la pression de refoulement des ventilateurs.

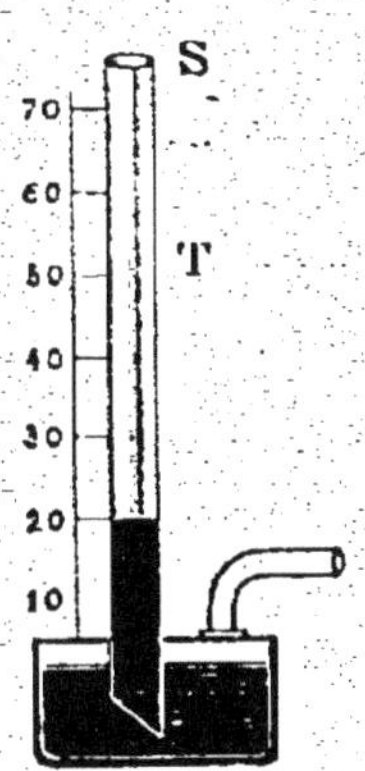

Fig. 94.

La figure 94 représente un manomètre à une branche qui fut employé dans les premiers temps de la navigation à vapeur. Un tube cylindrique T ouvert à ses deux extrémités plonge par l'une d'elles dans une cuvette contenant du mercure et hermétiquement close La vapeur venant de la chaudière par le tuyau coudé agit sur le niveau du mercure et le fait monter dans le tube en verre. La hauteur du niveau dans la colonne mesure évidemment la pression qui agit dans la cuvette, et marque directement sur l'échelle, graduée en centimètres, le chiffre de la pression. Ce manomètre, assez exact et très simple dans sa construction, ne saurait mesurer les pressions au-dessus de 1 kg. 1/2 à cause de la fragilité du tube en verre et de la longueur qu'il faudrait lui donner. Le niveau du mercure dans la cuvette est considéré comme constant.

Manomètre à air comprimé. — La figure 95 représente la coupe d'un manomètre à air comprimé. L'air emprisonné dans le tube T de très faible section se comprime et oppose au mercure une résistance croissante lorsque la vapeur ou le gaz venu dans l'instrument, agissant sur le mercure dans la cuvette, le fait monter dans le tube. La résistance des gaz étant en raison inverse des espaces occupés, si le mercure monte jusqu'à la moitié de la hauteur du tube pour 1 atmosphère, il ne montera qu'à une hauteur moitié moindre pour deux, etc. On peut donc, avec un manomètre à air comprimé de peu de longueur, mesurer d'assez grandes pressions. Cet instrument se gradue par comparaison avec un manomètre à air libre.

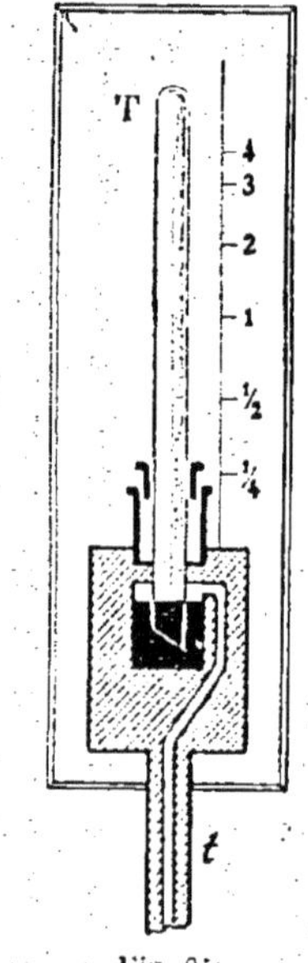

Fig. 95.

Remarques. — En raison du faible volume du tube T, nous avons supposé constante la surface du mercure dans la cuvette. Cet appareil est vicieux : 1° parce que la température modifiant la force élastique de l'air comprimé fausse naturellement les indications ; 2° l'oxygène de l'air se combine avec le mercure ; 3° à mesure que la pression augmente, les lectures deviennent de plus en plus difficiles.

Manomètre métallique. — Ce manomètre se compose en principe d'un tube *t* en laiton, à section aplatie, et enroulé en spirale. Le tube est ouvert à la partie qui communique avec le récipient dont il peut être isolé par le robinet R. L'autre extrémité est fermée et vient s'articuler en *b* avec l'un des bras d'un levier muni d'un secteur denté. Ce dernier engrène avec un pignon *p* sur l'axe duquel se trouve fixée une aiguille. Sous l'effet de la pression, le tube se déroule, et l'aiguille se promène sur un cadran gradué par comparaison avec un manomètre étalon (fig. 96).

Expliquons sommairement ce qui se passe à l'intérieur de ce tube aplati. Sous l'effet de la pression dont l'effort est natu-

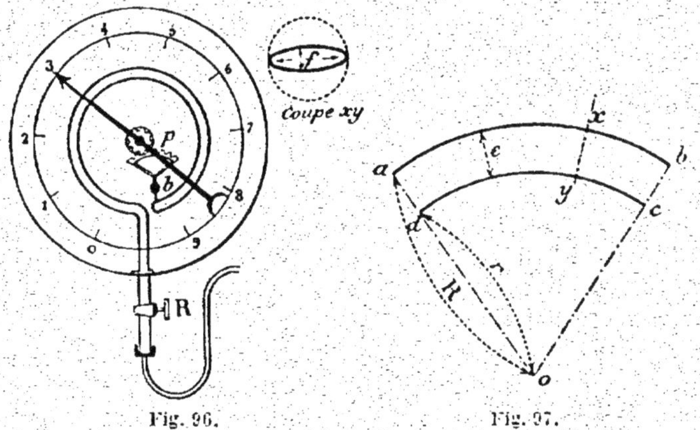

Fig. 96. Fig. 97.

rellement plus grand sur les faces aplaties que sur les faces arrondies, la section elliptique du tube tend à devenir circulaire.

D'autre part, désignons par R le grand rayon du tube et par *r* le petit rayon. Considérons la portion de tube *abcd* et soit *e* son épaisseur actuelle (fig. 97). On a :

$$\frac{\text{arc } ab}{\text{arc } cd} = \frac{R}{r} \quad \text{ou} \quad \frac{\text{arc } ab + \text{arc } cd}{\text{arc } ab - \text{arc } cd} = \frac{R + r}{R - r} = \frac{2 \text{ rayon moyen}}{e}$$

or : $$\frac{\text{arc } ab + \text{arc } cd}{\text{arc } ab - \text{arc } cd} = \text{constante.}$$

Donc $$\frac{2 \text{ R}m}{e} = \text{constante}$$

et comme sous la pression e augmente, 2 Rm, c'est-à-dire le rayon moyen du tube, augmente et celui-ci se déroule.

Ces manomètres s'emploient beaucoup dans la marine pour indiquer la pression des chaudières.

Ils sont gradués en kilogrammes par centimètre carré et une marque très apparente indique la pression qui ne doit pas être dépassée en service courant.

Pression effective. Pression absolue. Contre-pression. — Les manomètres précédents indiquent la pression effective, c'est-à-dire la pression qui tend à faire éclater les parois de la chaudière lorsque cette dernière est en fonction. La pression absolue est la pression qui agit à l'intérieur de la chaudière c'est-à-dire la pression précédente augmentée de la pression atmosphérique.

La contre-pression est d'une façon générale égale à la différence qu'il y a entre la pression absolue et la pression effective.

Dans le cas que nous venons de considérer, la pression atmosphérique est la contre-pression.

Manomètre-enregistreur. — Ce manomètre est basé sur le même principe que le précédent. La vapeur arrive dans un tube ellipsoïdal courbé T ; celui-ci, par son extrémité fermée, est relié au petit bras d'un levier coudé *abc*, qui porte en *c* un crayon capable d'inscrire la pression à chaque instant sur un appareil enregistreur analogue à celui décrit au chapitre des baromètres (fig. 98).

Un manomètre à cadran M complète souvent l'appareil.

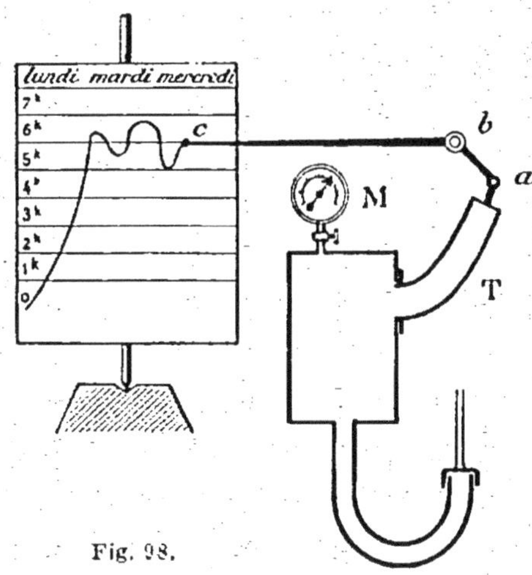

Fig. 98.

Indicateur de vide. — On nomme ainsi des appareils destinés à indiquer les pressions inférieures à la pression atmosphérique. On emploie couramment le manomètre à air libre à siphon décrit plus haut et le manomètre métallique.

Dans le premier cas, il suffit de prolonger les divisions vers le bas, l'appareil restant le même. Il est utilisé dans les scrubbers de certains gazogènes et dans les cheminées, lorsqu'on possède un tirage par aspiration.

Dans le second cas, le tube doit être enroulé en sens inverse de celui d'un manomètre métallique. Il est d'ailleurs plus sensible que le tube manométrique ordinaire, le cadran servant pour des variations de pression de 0 à 1 kilogramme (environ).

Cet appareil est beaucoup employé dans les machines pour indiquer le vide des condenseurs. Nous en verrons la description plus loin.

Vide. — On nomme vide dans une enceinte la différence qu'il y a entre la pression atmosphérique H et la pression P de l'enceinte lorsque $H > P$. On a $\text{Vide} = H - P$.

Applications.

Problème 1.

La chambre d'un baromètre contient de l'air sec. Dans une première expérience, on lit la hauteur 751 millimètres. On enfonce le tube dans la cuvette jusqu'à ce que le volume de la chambre soit réduit au cinquième de sa valeur. La hauteur est alors 740 millimètres.

On demande quelle est la hauteur barométrique actuelle?

Solution.

Dans la première expérience, la masse gazeuse contenue dans la chambre barométrique occupe un volume v sous la pression $x - 751$.

Dans la seconde expérience, la masse gazeuse occupe un volume $\frac{v}{5}$ sous la pression $x - 740$.

D'après la loi de Mariotte, on a la relation

$$v(x - 751) = \frac{v}{5}(x - 740)$$

ou

$$5x - 3755 = x - 740$$

ou

$$4x = 3015$$

et

$$x = \frac{3015}{4} = 753 \text{ mm. } 75.$$

Problème 2.

Dans la chambre barométrique d'un baromètre à cuvette, on introduit v puis v' centimètres cubes d'air ; le mercure baisse successivement de l et de l' centimètres. Calculer la section du tube sachant que la pression extérieure est H.

Solution.

Désignons respectivement par x et par x' le volume qu'occupe la chambre barométrique lorsqu'on y introduit v puis v' centimètres cubes d'air. Comme le mercure baisse successivement de l et l' centimètres, on peut écrire en vertu de la loi de Mariotte

$$x = v \frac{H}{l}$$

$$x' = (v + v') \frac{H}{l + l'}$$

Or la différence

$$x' - x = (v + v') \frac{H}{l + l'} - \frac{vH}{l} = H \frac{v'l - vl'}{l(l + l')}$$

représente le volume d'une fraction du tube barométrique de hauteur l'. Par conséquent, si on désigne la section par s on a

$$s = \frac{H}{l + l'} \frac{v'l - vl'}{ll'} = \frac{H}{l + l'} \left(\frac{v'}{l'} - \frac{v}{l}\right)$$

Pour que cette solution convienne au problème, il faut :

Que s soit positif ou $\frac{v'}{l'} > \frac{v}{l}$

Que H soit supérieur à $l + l'$ et qu'il existe une chambre barométrique avant l'introduction des v centimètres cubes d'air, c'est-à-dire que

$$\frac{sl}{H} < \frac{v}{l} \quad \text{ou} \quad \frac{l}{l+l'}\left(\frac{v'}{l'} - \frac{v}{l}\right) < \frac{v}{l}$$

On doit donc avoir en définitive

$$H > l + l'$$

et

$$\frac{v'}{l'} > \frac{v}{l} > \frac{v'}{l'} \times \frac{l}{2l + l'}$$

Problème 3.

Un ballon A de 5 litres de capacité est soudé à un tube BDG de 10 centimètres carrés de section et dont les branches sont verticales. Du mercure, occupant la partie inférieure jusqu'en C F, isole de l'air à la pression atmosphérique de 74 centimètres. On demande quelle est la hauteur de la colonne d'eau qu'il faut verser en G pour que le niveau C monte en B, CB étant égal à 5 centimètres... La densité du mercure est 13,6.

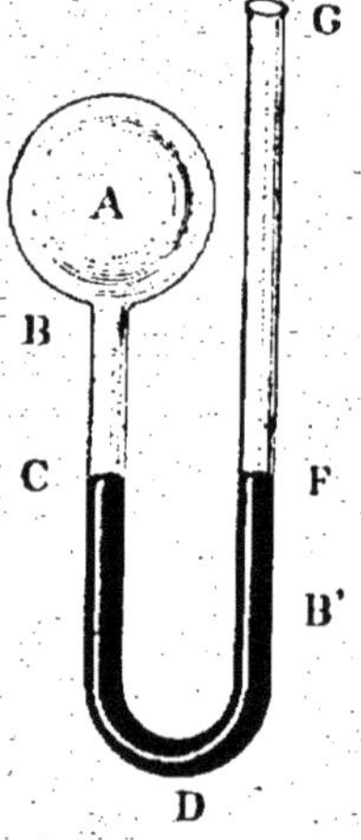

Fig. 99.

Solution.

Soit x la hauteur de la colonne d'eau qu'il faut verser dans le tube GF et soit y la pression de l'air dans le ballon quand le niveau du liquide arrive en B. On a d'abord, en appliquant la loi de Mariotte

$$(1) \qquad (5000 + 10 \times 5)\, 74 = 5000\, y$$

D'autre part, cette pression y augmentée de la hauteur 10 centimètres de mercure soulevé de B' en B fait équilibre à la pression atmosphérique qui s'exerce de l'autre côté augmentée de la pression $\frac{x}{13{,}6}$ due à l'eau versée, ce qui donne

$$(2) \qquad y + 10 = 74 + \frac{x}{13{,}6}$$

Entre ces deux équations, on peut éliminer y et tirer

$$x = 13{,}6\, (0{,}74 + 10) = 146 \text{ cm.}$$

CHAPITRE IX

POMPES A AIR

Il y a deux sortes de pompes à air : 1° les pompes à faire le vide ; 2° les pompes de compression.

Pompes à vide. — Ces pompes, lorsqu'elles sont munies de piston, portent le nom de *machines pneumatiques ou pompes à air*, et lorsqu'elles n'ont pas de piston on les nomme *trompes*. On rencontre aussi différents autres systèmes qu'on classe sous le nom général de *machines à vide*.

C'est Otto de Guéricke, que nous connaissons déjà, qui est

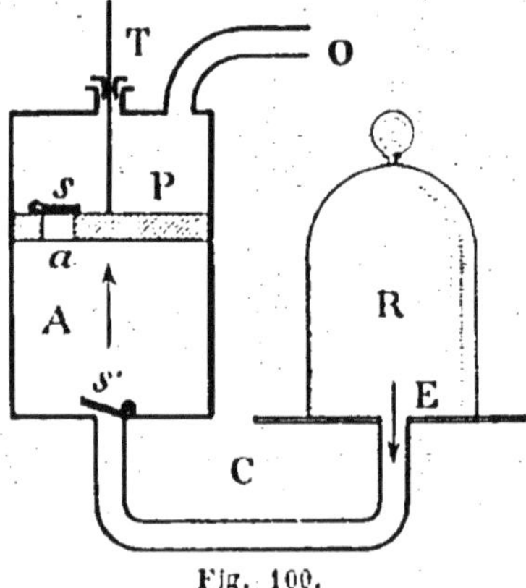

Fig. 100.

l'inventeur de la machine pneumatique. Cette machine a été notablement perfectionnée depuis.

Elle se compose en principe d'un cylindre A muni d'un piston P portant un orifice *a* et une soupape *s* (fig. 100). Le piston se manœuvre au moyen de la tige T. Le cylindre communique avec l'air extérieur au moyen de l'orifice O; en bas, il porte un autre orifice qui peut être fermé par une soupape *s'* et qui, au moyen du canal C, fait communiquer le cylindre avec le récipient R dans lequel on veut faire le vide.

Dans les machines de démonstration, le récipient est une cloche de verre à bords bien rodés, qui peut s'appliquer sur une table parfaitement plane, nommée *platine*.

Fonctionnement. — Supposons le piston au bas de sa course et tirons-le vers le haut. La soupape *s* est fermée par son propre poids. Le vide qui se forme dans le cylindre au-dessus de *s'* fait que cette soupape, sous l'action de la poussée de l'air à la pression atmosphérique de la cloche R, se soulève.

A la course descendante, l'air du corps de pompe inférieur se comprime, tandis que par son poids *s'* est retombée sur son siège. A un moment donné, la pression de cet air fait soulager *s*, et il en passe dans le cylindre supérieur une certaine quantité. La course suivante l'évacuera dehors par l'orifice O, tandis qu'une nouvelle portion de l'air de R sera aspirée, et ainsi de suite. Le volume d'air du récipient deviendra donc de plus en plus petit sans jamais cependant devenir nul puisque chaque coup de piston n'enlève qu'une partie de l'air restant.

D'autre part, le piston P, ne pouvant pas s'appliquer sur le fond du cylindre, il reste entre les deux un certain espace appelé *espace nuisible*, et, au bout d'un certain nombre de coups de piston, la force élastique de l'air comprimé dans le cylindre devient égale à la pression atmosphérique ce qui empêche la soupape *s* de se soulager.

Disposition de la soupape inférieure. — Ce qui se passe pour la soupape *s* se passe également pour la soupape *s'*. Mais pour cette dernière l'inconvénient a été évité grâce au dispositif suivant (fig. 101). La soupape est conique et peut reposer sur un siège de même forme. Elle porte une longue tige L passant à frottement dur dans le piston et sa course supérieure est limitée par un butoir *b*.

Dans ces conditions, supposons le piston au bas de sa course.

Dès qu'on le soulève, la tige L est entraînée avec lui, et la soupape inférieure se trouve ainsi ouverte, sa levée étant d'ailleurs limitée par *b*.

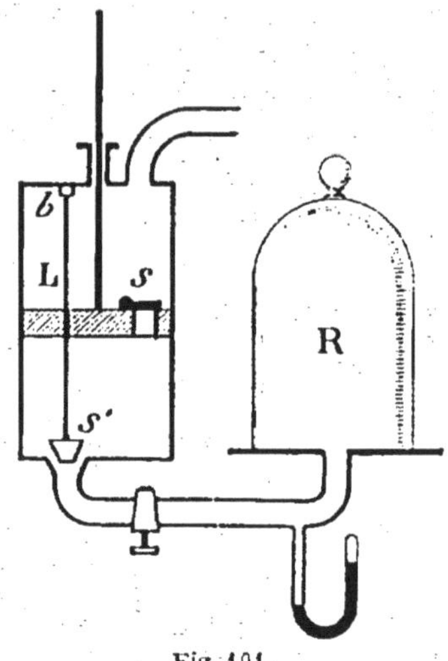

Fig. 101.

A la descente le piston entraîne la tige jusqu'au moment de la fermeture. Dans les deux cas, lorsque la course de la soupape se trouve arrêtée, le piston n'en continue pas moins sa course en coulissant sur la tige.

Calcul de la raréfaction. — Désignons par v le volume engendré par le piston, V celui du récipient, H la pression initiale dans le récipient. Au premier coup de piston le volume de l'air devient $V + v$ et sa pression x est donnée par la loi de Mariotte. De même à chaque coup.

$$1^{er} \text{ coup} \quad VH = (V + v)\, x_1 \quad \text{d'où} \quad x_1 = \frac{VH}{(V+v)}$$

$$2^{e} \text{ coup} \quad V x_1 = (V + v)\, x_2 \quad \text{d'où} \quad x_2 = \frac{V x_1}{V+v} = \frac{V^2 H}{(V+v)^2}$$

. . . .

n^e coup $\quad V x_{n-1} = (V + v)\, x_n \quad x_n = \dfrac{V^n H}{(V+v)^n}$

qu'on peut écrire encore $x_n = H \left(\dfrac{V}{V+v}\right)^n$

Limite de la raréfaction. Espace nuisible. La partie inférieure du piston ne vient jamais coïncider parfaitement avec la partie inférieure du cylindre, ne fût-ce que pour éviter les dangers de rupture. On appelle espace nuisible le volume du cylindre non ainsi engendré par le piston.

Pour que tout l'air aspiré pendant la course montante du piston puisse être évacué quand le piston descend il faut que la pression de cet air soit suffisante pour soulager la soupape *s*, c'est-à-dire supérieure à la pression atmosphérique. La limite de raréfaction aura donc lieu théoriquement quand la pression de cet air sera égale à la pression atmosphérique.

Soit K cet espace nuisible et H_n la pression qu'occupait précédemment cet air lorsque le piston était au haut de sa course.

Par définition, quand le piston sera revenu au bas de sa course, l'air de l'espace nuisible aura pour pression H et celui de la cloche sera à la pression H_n.

On aura donc $\quad KH = vH_n \quad$ ou $\quad H_n = \dfrac{KH}{v}$

H_n est la pression au-dessous de laquelle on ne peut pas descendre pour la raréfaction.

On peut calculer le nombre maximum de coups de pistons

$$H_n = H \left(\frac{V}{V+v}\right)^n$$

d'où $\quad H \left(\dfrac{V}{V+v}\right)^n = \dfrac{KH}{v} \quad$ ou $\quad \left(\dfrac{V}{V+v}\right)^n = \dfrac{K}{v}$

ou $$n \log \frac{V}{V + v} = \log \frac{K}{v}$$

et enfin $$n = \log \frac{K}{v} : \log \frac{V}{V + v}$$

Association de deux corps de pompe. — Lorsque la raréfaction est amenée à un certain point, l'air du corps de pompe n'a presque plus de force élastique, et alors le piston qui reçoit toujours et par en-dessus la pression atmosphérique, devient extrêmement lourd à soulever. On évite cet inconvénient en associant deux corps de pompe (fig. 102). Les tiges des pistons sont deux crémaillères qui s'engrènent avec un pignon denté P mû par un levier L à deux poignées. L'un des pistons monte pendant que l'autre descend. De cette façon il y a équilibre, l'opérateur n'ayant plus à vaincre que les frottements inhérents à la machine.

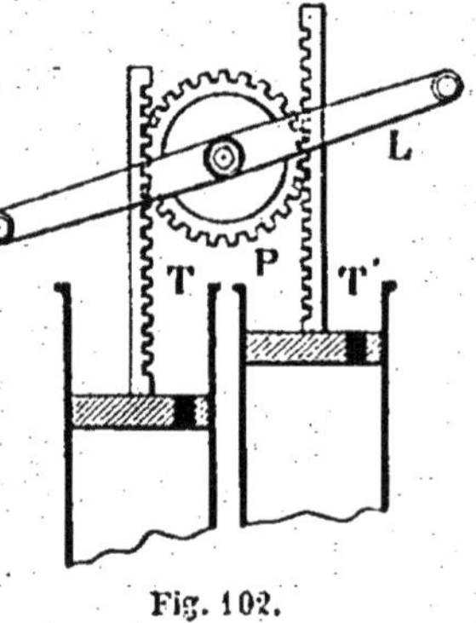

Fig. 102.

Baromètre tronqué. — Imaginons (fig. 101) un baromètre à siphon dont la branche fermée a moins de 76 centimètres, la branche ouverte communiquant avec R. En temps ordinaire la branche fermée est pleine de mercure et celui-ci descend au fur et à mesure de la raréfaction ; si cette dernière était complète le niveau s'établirait des deux côtés.

Machine à mercure Von Reden. — Cette machine est représentée schématiquement par les fig. 103 et 104. Elle consiste essentiellement en un tube de verre courbé en demi cercle *brf* muni d'une tubulure radiale *c* qui, par le tube à vide *p*, la met en communication avec le récipient où il faut faire le vide. Les extrémités *ff* du corps de pompe, communiquent en permanence par le tube *tt'* avec une pompe à air ou une machine pneumatique quelconque, capable de faire un vide de 10 à 20 millimètres de mercure. L'appareil est monté sur une roue qui permet de le faire basculer alternativement de droite à gauche autour du point *a* comme centre.

Considérons la première position (fig. 103) :

La machine pneumatique ayant préalablement vidé le compartiment *r*, en relation avec l'enceinte, quand on amène l'ap-

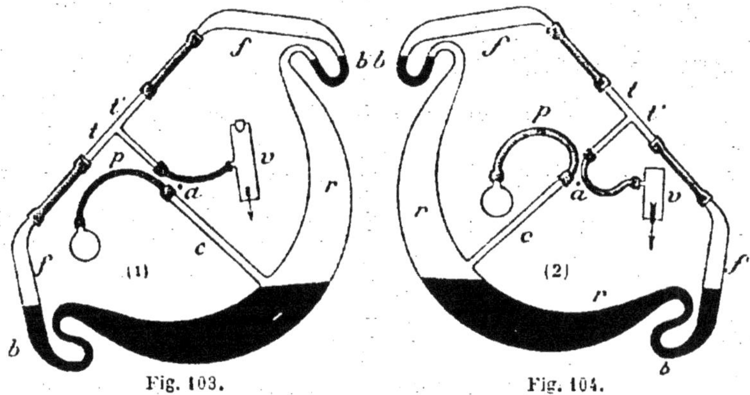

Fig. 103. Fig. 104.

pareil dans la position 2 (fig. 104), le mercure fait l'office de piston, et refoule le résidu de gaz par *b* et *f*. En repassant de la position 2 à la position 1, il y a nouvelle expulsion de gaz. Remarquons que tout retour en arrière est impossible, grâce aux soupapes *b* en forme d'S, qui restent toujours garnies de mercure. Avec cet appareil, on est susceptible de pousser le vide jusqu'à 0 millimètre 00001 de mercure. On n'est limité que par les vapeurs de la graisse qui sert à luter les joints.

Trompe à eau. — L'appareil se compose de deux tubulures A et B ayant chacune une extrémité à l'intérieur d'un récipient C sur lequel elles sont soigneusement lutées. A est convergente et B divergente ; C peut être mis en communication avec le réservoir R dans lequel on doit faire le vide (fig. 105).

Par A arrive avec une certaine vitesse un jet d'eau qui s'écoule par B. La vitesse de l'eau entraine avec elle de l'air comme l'indiquent les flèches f f'.

Au bout d'un certain temps de fonctionnement, le réservoir R est à peu près vide.

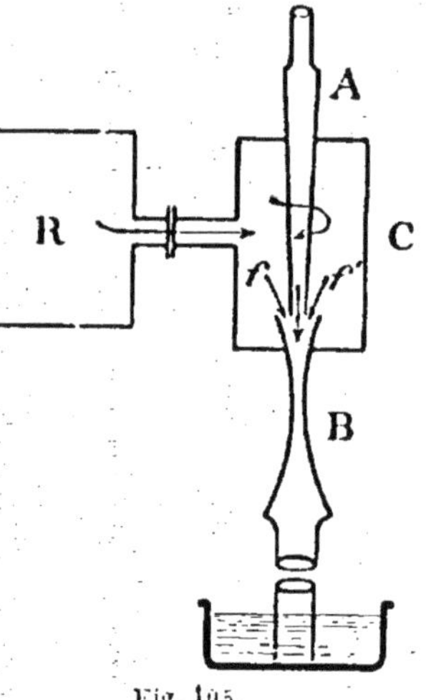

Fig. 105.

Cet appareil est supérieur à la machine pneumatique mais inférieur à la précédente. Il y a toujours en effet des vapeurs dont la tension correspond à la température ambiante.

Des trompes à mercure existent, qui fonctionnent sur le même principe. Cependant le mercure ne tombe que goutte à goutte, ce qui ralentit la marche de l'opération.

Pompe de compression. — Considérons un cylindre A dans lequel se meut un piston P. Le cylindre A porte une soupape comme l'indique la figure 106 et un tuyau T terminé par une soupape *b*. L'appareil peut être fixé sur un récipient R dans lequel on veut comprimer de l'air. Dans sa course montante le piston aspire un volume d'air égal à celui qu'engendre le piston ; à sa course descendante, *a* se ferme et l'air est refoulé dans R.

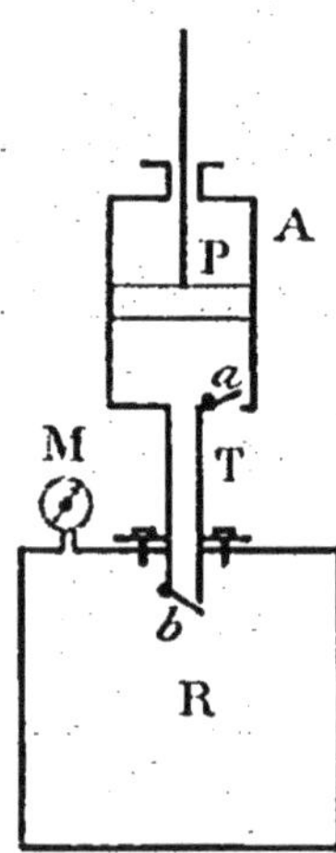

Fig. 106.

A la nouvelle course montante, la pression dans R tient *b* fermée tandis qu'une nouvelle quantité d'air est aspirée, et ainsi de suite. Un manomètre M indique la pression de l'air dans le récipient. C'est un appareil de ce genre qui est employé dans la fabrication de l'eau de Seltz. Le gaz carbonique est aspiré dans un réservoir puis refoulé dans l'eau où il se dissout. On peut ainsi faire absorber à l'eau 7 ou 8 fois son volume de gaz.

Calcul du degré de compression. — Désignons par V le volume du récipient R, par v le volume engendré par le piston et soit H la pression atmosphérique.

A chaque coup de piston on refoule dans R un volume v d'air à la pression atmosphérique H. Au bout de n coups de piston on aura donc refoulé un volume nv à la pression H, ce qui fait qu'il y a dans le récipient un volume $nv + V$ pris à la pression H.

Or cet air occupe dans le récipient R un volume V et sa pression est x déterminée par l'équation

$$(V + nv)H = Vx$$

d'où

$$x = \frac{(V + nv)H}{V}$$

Si on fait $x = H_n$ on a

$$H_n = \frac{(V + nv)H}{V} = H\left(1 + \frac{nv}{V}\right)$$

Limite de la compression. — Désignons par k l'espace nuisible dans cette machine.

Quand l'air refoulé dans cet espace aura la même pression que l'air du réservoir R, la soupape b ne s'ouvrira plus si l'on néglige son poids.

La pression P de cet air est donnée par les relations

$$P\,k = vH$$

d'où

$$P = \frac{vH}{k}$$

La limite de compression théorique sera donc atteinte lorsqu'on aura

$$P = H_n$$

ou

$$\frac{(V + nv)\,H}{V} = \frac{vH}{k}$$

soit

$$\frac{V + nv}{V} = \frac{v}{k}$$

ou $$kV + knv = Vv \quad \text{soit} \quad knv = V(v - k)$$

et enfin

$$n = \frac{V\,(v - k)}{kv}$$

ce qui donne le nombre de coups de piston à donner pour atteindre la limite de compression.

Dans l'industrie on comprime couramment les gaz à 100 ou 150 atmosphères.

L'oxygène, l'hydrogène, l'acétylène sont refoulés à ces pressions dans de grandes bouteilles en acier qui permettent de les transporter aisément ; ces gaz, dans ces conditions, sont fort utilisés dans le travail des métaux à la soudure autogène.

Dans la marine, l'air est de même comprimé et utilisé pour le lancement des torpilles et la mise en marche de moteurs à pétrole.

Soufflet ordinaire (fig. 107). — Cet appareil se compose de deux planchettes reliées par une peau souple, de manière que tout le système forme une sorte de poche dont on augmente à volonté le volume en écartant les deux branches du soufflet. Une soupape *s* s'ouvrant de dehors en dedans permet à l'air de rentrer, et, en rapprochant les branches, *s* se ferme, et l'air est évacué par le tuyau T.

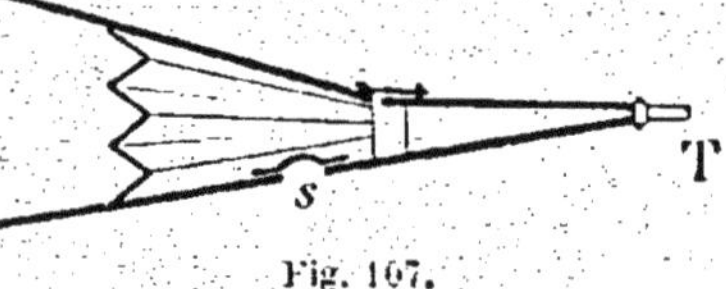

Fig. 107.

Soufflet de forge (fig. 108). — Le soufflet précédent ne donne de jet d'air que lorsqu'on rapproche les branches, tandis que le soufflet de forge doit pouvoir fournir un jet continu. Le soufflet comporte alors trois tablettes de bois, celle du mi-

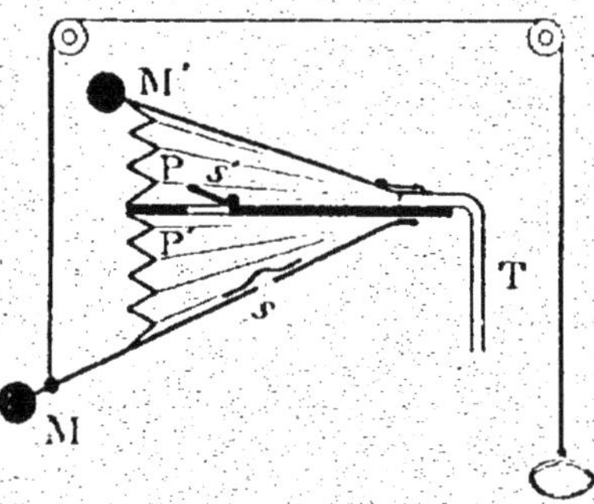

Fig. 108.

lieu étant fixe, et deux soupapes *s* et *s'* ; deux poids M M' sont disposés au-dessus et au-dessous. En tirant sur la poignée, la tablette inférieure remonte fermant le compartiment inférieur du soufflet ; l'air contenu dans la poche P' est chassé vers la tuyère T. A la descente, la masse M' fait, par son poids, fermer le compartiment P et le jet d'air se continue dans T tandis que P' s'ouvre et se remplit à nouveau.

Pompe de bicyclette (fig. 109). — Elle se compose d'un piston creux A muni d'un orifice O. Le piston P, métallique est fixé sur un tube T ouvert aux deux bouts et qui sert de tige. Il est, en outre, recouvert par un cuir en U. Un raccord *t* réunit la tige à la chambre à air, qui porte une soupape *s*.

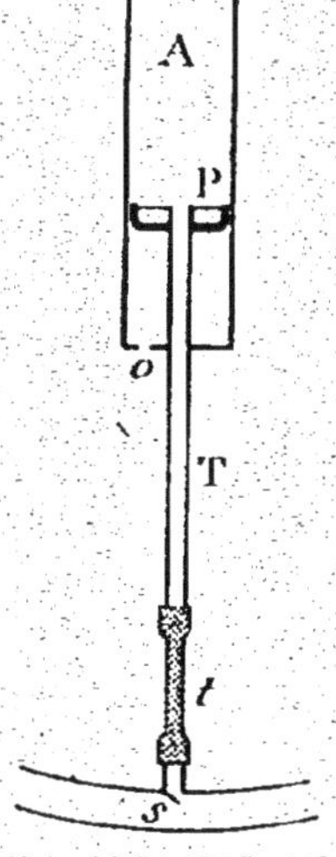

Fig. 109.

Montée. — Le vide se fait dans le corps de pompe A, *s* étant fermée par la pression de la chambre à air ; mais ce vide est presque aussitôt comblé par l'air extérieur qui, rentrant par *o*, envahit A en passant autour du cuir du piston.

Descente. — L'air de A se comprime ; il appuie contre les parois du cylindre les bords du cuir en U et par suite n'ayant d'autre passage que la tige T, rentre dans la chambre à air.

On peut encore citer comme applications les machines soufflantes employées dans la métallurgie.

CHAPITRE X

POMPES A EAU

Les pompes sont des appareils destinés à élever les liquides en utilisant la pression de l'air.

On distingue parmi ces appareils les *pompes à piston* et les *siphons*. Les premières, en particulier, se divisent en pompes aspirantes, pompes aspirantes élévatoires, pompes foulantes, pompes aspirantes et foulantes.

Pompe aspirante. — Elle se compose d'un corps de pompe A terminé par un tuyau B plongeant dans l'eau et dont l'extrémité porte une crépine C (tôle percée de trous pour empêcher les corps étrangers de pénétrer dans la pompe). L'extrémité supérieure de ce tuyau peut être fermée par une soupape D s'ouvrant de bas en haut. Un piston E se meut dans le corps de pompe. Ce piston est muni d'un orifice F pouvant être fermé par la soupape H, s'ouvrant de bas en haut. L'eau peut être évacuée par le tuyau I (fig. 110).

Fonctionnement. — Supposons le piston au bas de sa course. L'eau est au même niveau dans le réservoir et dans le tuyau d'aspiration. Celui-ci et le corps de pompe sont pleins d'air, d'une force élastique égale à celle de l'air extérieur. Lorsque le piston est soulevé, il laisse derrière lui un espace vide ; la soupape A est appuyée sur son siège par l'air extérieur ; quant à la soupape D, n'éprouvant plus en-dessus qu'une pression inférieure à la pression atmosphérique, elle se soulève sous l'action de la force expansive de l'air qui remplit le tuyau d'aspiration. Cet air augmente donc de volume, mais par suite diminue de pression ; de sorte que la pression atmosphérique qui agit sur la nappe liquide fait monter une certaine quantité d'eau dans la pompe, pour maintenir l'équilibre.

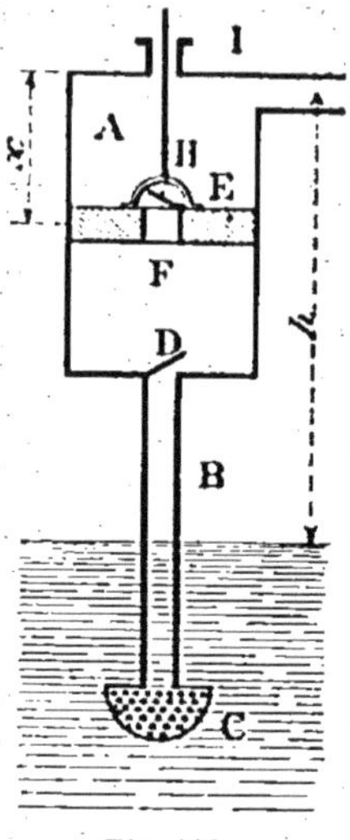

Fig. 110.

Supposons que l'eau soit ainsi montée jusqu'aux 3/4 du tuyau d'aspiration, lorsque le piston est à bout de course. Faisons descendre le piston. La soupape D se ferme par son poids et par la pression de l'air refoulé du corps de pompe. Au contraire la soupape H du piston s'ouvre quand l'air qu'il comprime a acquis une pression suffisante et cet air est évacué dans l'atmosphère.

Quand on remonte le piston, les mêmes phénomènes se reproduisent, l'eau montant seulement un peu plus haut dans le tuyau d'aspiration. A un moment donné, l'eau franchit la soupape D et rentre dans le corps de pompe. On dit alors que la pompe est amorcée. A partir de ce moment, l'eau remplissant le corps de pompe à l'aspiration, c'est aussi de l'eau que l'on refoulera par l'orifice I à la montée du piston.

Pour que cette pompe, comme d'ailleurs tout genre de pompe aspirante, fonctionne, il faut que le fond inférieur du corps de pompe soit à une distance de l'eau dans le puits au plus égale à 10 m. 33 pour une pression atmosphérique normale. En pratique même on ne peut élever l'eau à plus de 8 mètres, à cause des frottements, des rentrées d'air inévitables, de l'espace nuisible et de l'épaisseur du piston.

Effort à faire pour la manœuvre. — 1° *A la descente.* L'effort à faire est alors négligeable ; le piston s'enfonce par son propre poids.

2° *A la montée.* Soit H la pression atmosphérique, h la distance du niveau dans le puits à l'orifice de déversement, l la course du piston, l'épaisseur de celui-ci étant négligée, et x la distance que ce piston a encore à parcourir pour arriver en haut de sa course. On est en plein fonctionnement. Soit enfin S la section du corps de pompe (ou du piston) et appelons d la densité du liquide aspiré (H = 10 m. 33). On a :

Effort au-dessus du piston : $SHd + Sxd$.

Effort au-dessous : $SHd - S\,(h-x)\,d = SHd - Shd + Sxd$

Effort résultant : $SHd + Sxd - SHd + Shd - S\,xd = Shd$.

L'effort n'est donc nullement fonction de la position du piston dans le corps de pompe.

Travail pour une course : $T = Shdl$.

Si l'on remarque que Sl représente le volume du corps de pompe, on a :

$$T = Vdh.$$

et que d'autre part Vp est le poids d'une cylindrée de liquide P, on a

$$T = Ph.$$

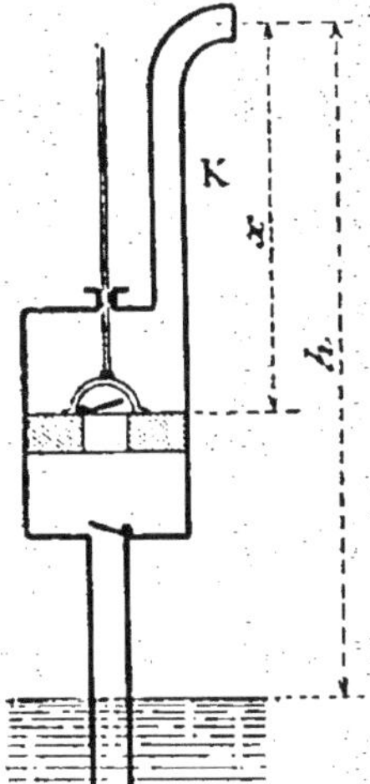

Fig. 111.

Pompe aspirante élévatoire (fig. 111). — La pompe aspirante élévatoire est identique à la précédente avec cette différence que l'orifice de déversement est plus élevé grâce au tuyau K. Il est évident aussi que les calculs faits précédemment s'appliquent encore ici et que l'on a

$$T = Ph$$

N.-B. — Dans l'un et l'autre cas le résultat était d'ailleurs facile à prévoir. Le travail moteur est toujours égal au travail utile qui est ici Ph, poids d'eau P élevé à la hauteur h.

Pompe foulante (fig. 112). — La pompe foulante ne comporte pas de tuyau d'aspiration. Le cylindre plonge lui-même dans le liquide à puiser. Ce cylindre porte une soupape s, s'ouvrant de bas en haut et un tuyau de refoulement T pouvant être isolé du corps de pompe par la soupape s'. Le piston est plein. A la montée, il crée un vide qui fait monter l'eau dans le cylindre, s' se fermant sous la poussée extérieure généralement due à une colonne d'eau égale à celle qui est représentée par la longueur du cylindre. A la descente, s se ferme, s' s'ouvre et l'eau est chassée au dehors. En marche, et comme il n'y a plus d'air dans le corps de pompe, celui-ci est toujours plein de liquide sous le piston. En outre T est toujours plein également.

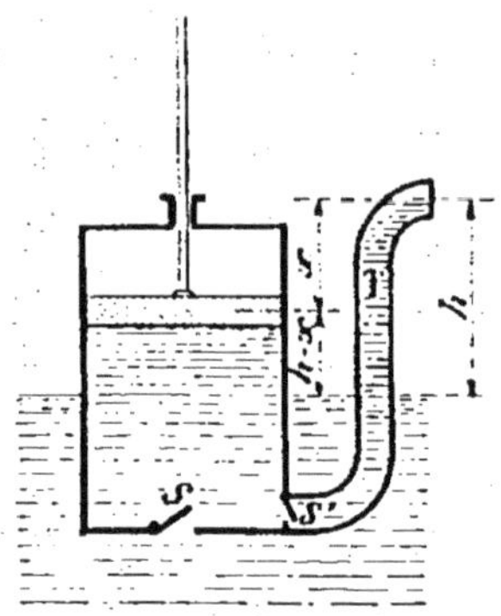

Fig. 112.

Effort à faire. — Prenons le piston dans une position quelconque, à une distance x du niveau maximum où l'on élève le liquide. Soit h la distance de ce niveau à celui du liquide dans le puits.

Désignons par H la hauteur atmosphérique en colonne liquide de densité d et soit S la section du piston. On a ici un effort à la montée et un à la descente.

Montée. — Au-dessus de lui, le piston reçoit la pression atmosphérique S$\mathrm{H}d$ et au-dessous la pression atmosphérique diminuée de la colonne liquide $h - x$.

Soit : $$\mathrm{S}d\,[\mathrm{H} - (h - x)].$$

Pression résultante agissant de haut en bas.

$$\mathrm{SH}d - \mathrm{S}d\,[\mathrm{H} - (h - x)] = \mathrm{S}hd - \mathrm{S}xd.$$

Descente. — Le piston est poussé par la pression atmosphérique, et la résistance qui agit en-dessous est égale à la pression atmosphérique augmentée d'une colonne liquide de hauteur x $SHd + Sxd$.

Soit en résumé $SHd + Sxd - SHd = Sxd$.

comme pression à la descente.

Pour une position quelconque du piston, l'effort moyen pour un aller et retour est égal à

$$Shd - Sxd + Sxd = Shd.$$

Si l'on ne considère que le travail moteur on voit que la moyenne du chemin parcouru étant l longueur du cylindre.

On a $T = Shdl.$

Soit $T = Vhd = Ph.$

formule analogue à celles que nous avons trouvées pour les pompes aspirantes, et qui exprime bien que le travail moteur est égal au travail utile.

En effet ici encore le poids d'eau P a été élevé à la hauteur h.

Pompe aspirante et foulante. — Ce n'est en somme qu'une pompe foulante plus pratique que la précédente. Au lieu de plonger elle-même dans le liquide, la pompe est terminée par un tuyau d'aspiration. Pour l'aspiration il faut évidemment comme dans le cas de la pompe aspirante donner quelques coups de piston jusqu'à l'amorçage (fig. 113). Les calculs de l'effort à faire se font identiquement comme ceux de la pompe foulante. Le travail est par suite égal à

$$T = Ph$$

Pompe à double effet (fig. 114). — Dans les diverses pompes précédentes il faut donner 2 coups de piston pour un seul jet liquide. Ces pompes sont dites à simple effet. Pour avoir un jet à chaque coup de piston on utilise des pompes à double effet, dont

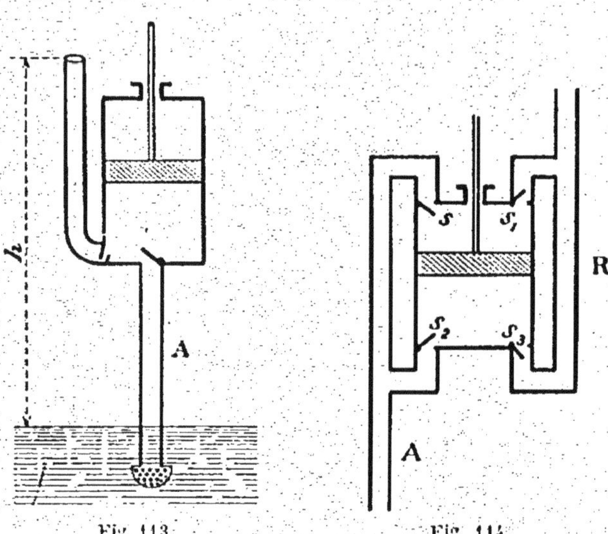

Fig. 113. Fig. 114.

on voit ci-contre un schéma. Les tuyaux d'aspiration et de refoulement communiquent avec les deux faces du piston, les soupapes s, s_1, s_2 et s_3 réglant leur fonction. Supposons ainsi l'appareil en pleine marche, le cylindre étant complètement plein d'eau. A la montée du piston, s se ferme et l'eau est refoulée dans R par l'ouverture de s_1 tandis que par s_2 l'eau monte dans le cylindre. La colonne d'eau de R appuie d'ailleurs s_3 sur son siège. A la descente s_2 se ferme, l'eau est refoulée par s_3 et aspirée par s.

Pompe à incendie. — C'est une pompe foulante à double effet. Elle comporte deux corps de pompe C et C' en communication avec un réservoir commun R dans lequel les gens qui font la chaîne versent continuellement de l'eau. Les pistons sont manœuvrés par une bringueballe B de telle sorte que lorsque l'un d'eux est au bas de sa course, l'autre se trouve en haut (fig. 115).

Les deux pistons refoulent dans un même compartiment fermé D ou cloche à air. De cette cloche part un tuyau T sur

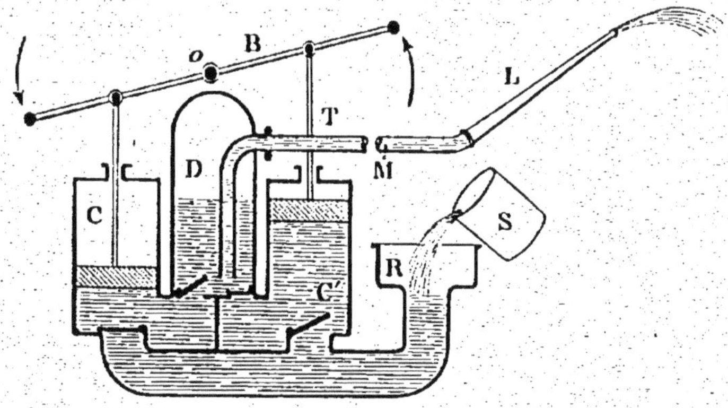

Fig. 115.

lequel vient se fixer la manche M terminée par la lance L. Comme dans le cas précédent il est facile de voir que chaque coup de piston produit un jet liquide. Cependant aux bouts de course il y aurait un temps d'arrêt sans la cloche D. Au sommet de celle-ci s'emmagasine une certaine quantité d'air, qui pendant la marche des pistons se comprime. A l'arrêt de ceux-ci, la force élastique de cet air appuyant sur l'eau de la cloche, permet au jet liquide de se continuer.

Siphon. — On appelle siphon un tube recourbé servant à transvaser un liquide d'un vase dans un autre à condition que le niveau d'écoulement soit plus bas que celui du liquide que l'on transvase (fig. 116).

Supposons par exemple un compartiment de double coque A rempli d'eau jusqu'au plan *ab* et ne possédant qu'un trou d'aération I. Soit un seau S et un tuyau de caoutchouc T plongeant d'une part dans le compartiment et d'autre part dans le seau. Aspirons à l'extrémité libre du tuyau jusqu'à ce qu'il y ait écoulement d'eau. Si nous cessons à ce moment l'aspiration, l'eau continuera cependant à s'écouler et videra le compartiment jusqu'au niveau de l'eau dans le seau.

En effet l'on conçoit tout d'abord (la distance h du liquide à la partie supérieure de la courbure du tube étant assez faible),

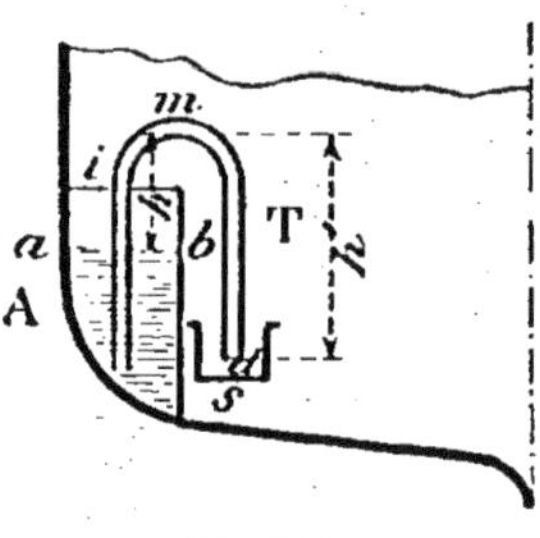

Fig. 116.

que grâce au vide produit dans le tube, celui-ci se remplisse d'eau. Cette première opération se nomme l'*amorçage*. Considérons à ce moment un élément vertical de surface m, de liquide, à la partie la plus élevée du tuyau coudé. A gauche de cet élément s'exerce une pression

$$P = H - h$$

(en appelant H la pression atmosphérique évaluée en colonne liquide)

A droite on a une pression $P' = H - h'$

Pression résultante : $P - P' = H - h - H + h' = h' - h$

Il y aura donc dans le sens où la poussée est la plus faible c'est-à-dire du vase A vers le seau S une poussée $h' - h$ qui fera écouler le liquide jusqu'à ce qu'on ait $h' = h$.

Fontaines intermittentes (fig. 117). — Les fontaines intermittentes sont de vrais siphons. Une cavité A peut par temps de pluie s'emplir d'eau. BCD est une fissure par où l'eau s'é-

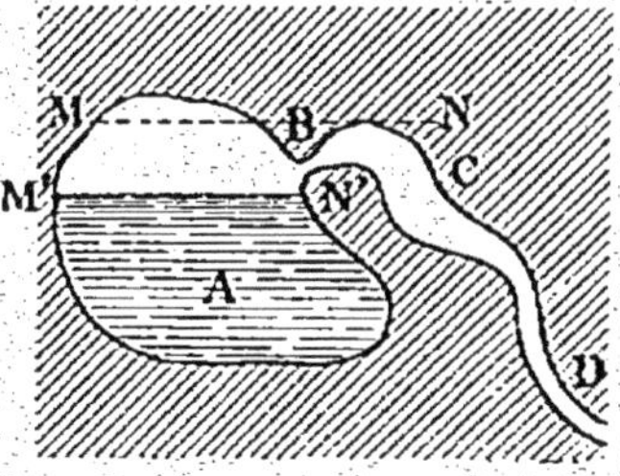

Fig. 117.

coule lorsqu'elle arrive au niveau MN ; l'écoulement cesse au niveau M'N' pour recommencer quand le niveau aura remonté en MN.

Siphons industriels. — Chez les marchands de vin et en général dans toutes les usines où se manipulent des liquides on emploie des siphons, évitant que dans l'aspiration pour l'amorçage le liquide arrive jusqu'à la bouche.

Vers la partie inférieure de la grande branche est soudée une branche supplémentaire munie d'une ampoule A (fig. 118). On plonge la petite branche *b* dans le liquide et on aspire en A en bouchant l'extrémité B avec le doigt. Dès que le liquide arrive vers le coude C on retire le doigt et on cesse l'aspiration. Le siphon s'amorce. Il est évident que dans ce cas la pression atmosphérique dans la grande branche s'exerce en C. Voilà pourquoi la branche AC doit se brancher le plus bas possible sur B.

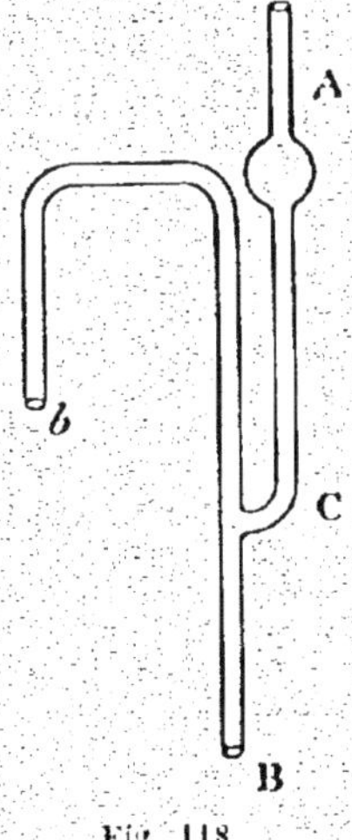

Fig. 118.

Pipette. — Instrument en verre de la forme du croquis et qui sert à aspirer un peu de liquide. On plonge la pipette par son extrémité A dans le liquide et on aspire légèrement pour l'emplir (fig. 119).

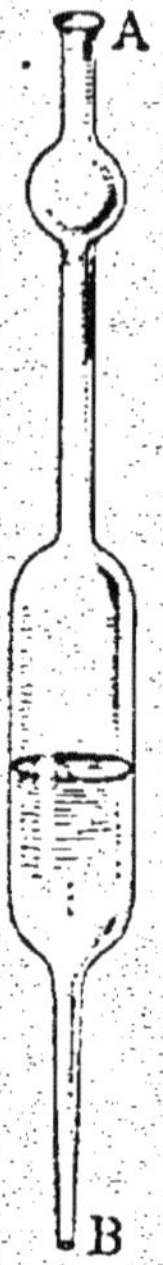

Quand on a retiré la pipette on bouche avec le doigt l'extrémité A. La pression atmosphérique qui s'exerce en B suffit pour empêcher le liquide de tomber, et quand on veut le déverser il suffit de découvrir l'orifice A.

Si d'ailleurs on veut ne laisser écouler que quelques gouttes il suffit de reboucher rapidement A ; les gouttes qui s'écoulent créent de nouveau un vide partiel à la partie supérieure du liquide dont la chute s'arrête, la pression en-dessous étant redevenue plus forte.

Fig. 119.

Applications

PROBLÈME 1

Le corps de pompe d'une machine pneumatique mesure $v = 1$ litre. Quel doit être le volume V du récipient dans lequel on fait le vide pour que la pression intérieure H soit réduite de moitié dès le premier coup de piston ?

Et quelles sont alors les pressions successives après 2, 3, 4 coups de piston ?

Solution

Chaque coup de piston multiplie la pression actuelle par le rapport $\frac{V}{V+v}$.

Il faut donc que l'on ait

$$\frac{V}{V+v} = \frac{V}{V+1} = \frac{1}{2} \text{ d'où } V = 1 \text{ litre.}$$

Alors les pressions successives seront :

$$h_1 = \frac{H}{2} \quad h_2 = \frac{H}{4} \quad h_3 = \frac{H}{8} \quad h_4 = \frac{H}{16} \text{ etc.}$$

Il faut que le volume du récipient soit égal à celui du corps de pompe, c'est-à-dire à 1 litre et alors la pression, après n coups de piston, est égale à $\frac{H}{2^n}$.

PROBLÈME 2

Dans un récipient de volume V = 12 litres rempli d'air à la pression extérieure H = 76 centimètres, on comprime de l'air atmosphérique à l'aide d'une pompe de compression dont le corps de pompe contient v = 500 centimètres cubes.

Combien faut-il donner de coups de piston pour que la pression dans le récipient devienne H' = 247 centimètres.

Solution

Soit x le nombre demandé. Après x coups de piston on sait que la pression intérieure devient

$$H' = H\left(1 + \frac{x\,v}{V}\right)$$

Cette équation donne

$$x = \frac{V\,(H' - H)}{v\,H}$$

et en remplaçant les lettres par leurs valeurs

$$x = \frac{12\,(247 - 76)}{0,5 \times 76} = 54$$

Il faut donner 54 coups de piston.

PROBLÈME 3

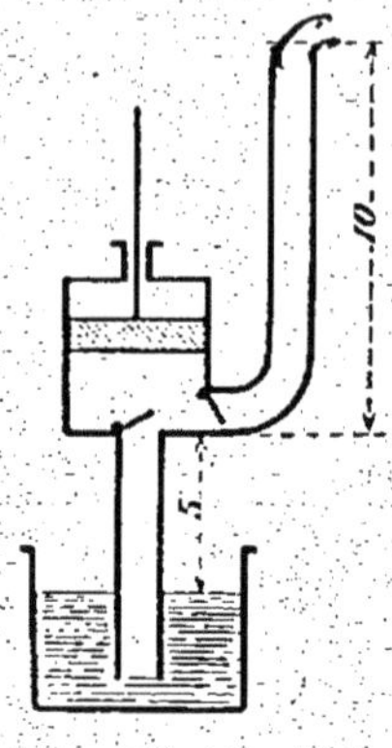

Fig. 120.

Une pompe aspirante et foulante possède un piston dont la section est de 1 décimètre carré. Le tuyau de refoulement a 10 mètres de long et celui d'aspiration 5 mètres au-dessus de l'eau (fig. 120).

1° Quel est l'effort à faire pour mettre en mouvement le piston supposé au bas de sa course ?

2° Quel est le travail nécessaire pour élever une tonne d'eau ?

Solution.

1° Pression au-dessus du piston

$$100 \text{ cmq.} \times 1033 \text{ gr.} = 103 \text{ kg. } 300$$

Pression en-dessous

$$100 \text{ cmq.} (1033 - 500) = 100 \times 533 = 53 \text{ kg. } 300$$

Effort à faire

$$103{,}300 - 53{,}300 = 50 \text{ kg.}$$

On peut voir d'ailleurs directement que l'effort à faire est égal au poids d'une colonne d'eau ayant pour base la surface du piston et pour hauteur la longueur du tuyau d'aspiration au-dessus de la couche d'eau.

2° $$\text{Travail} = Ph$$

Ici $P = 1000$ kg. $h = 15$ m.

$$\text{Travail} = 1000 \times 15 = 15.000 \text{ kgm.}$$

PROBLÈME 4

Dans une pompe à incendie, le gaz contenu dans la chambre à air et comprimé par l'eau est réduit au quart de son volume primitif. Avec quelle force l'eau est-elle lancée à travers l'orifice dont la surface est égale à 10 centimètres carrés ?

Solution.

La pression de l'air est évidemment devenue 4 fois plus grande, c'est-à-dire 4 atmosphères puisque le volume est devenu 4 fois plus petit.

Mais l'eau subit en outre de la part de l'air à la sortie une contrepression égale à 1 atmosphère.

La force qui chasse l'eau est donc égale à

$$4 - 1 = 3 \text{ atmosphères.}$$

soit 1 kg. $033 \times 3 = 3$ kg. 099 par centimètre carré

ou 30 kg. 99 sur la section de l'orifice de sortie.

PROBLÈME 5

Un siphon est employé à transvaser du mercure et ses deux extrémités plongent dans ce liquide. Le tout est placé dans une cloche où l'on raréfie l'air de plus en plus. On demande quelle sera la pression de l'air extérieur.

1° Lorsque la colonne mercurielle se rompra dans le haut du siphon.

2° Lorsque le mercure cessera de couler (fig. 121).

Solution

Nous supposerons le niveau du liquide invariable dans chacun des 2 vases.

Soient h et h' les distances verticales qui séparent le premier et le second niveau de la partie supérieure du siphon :

1° Quand la pression de l'air intérieur sera devenue égale à h', la colonne mercurielle se rompra dans le haut du siphon et le liquide descendra progressivement dans la grande branche à mesure que la pression ira en diminuant, laissant un espace vide au-dessus de lui. L'écoulement ne cessera pas cependant et le mercure coulera de la petite branche vers la grande en un filet qui traversera l'espace vide supérieur.

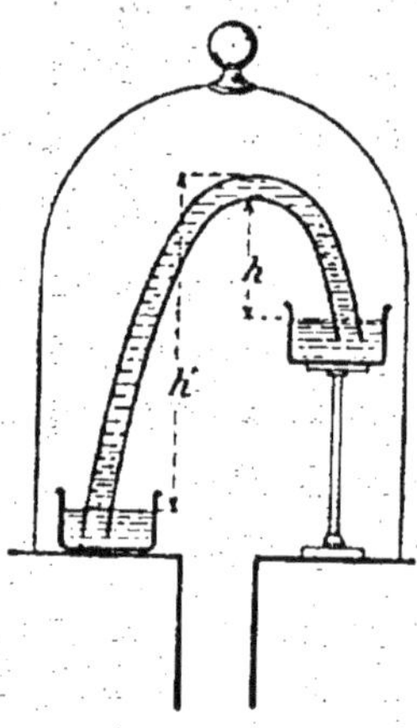

Fig. 121.

2° Quand la pression de l'air dans la cloche sera devenue égale à h la colonne de mercure s'abaissera des 2 côtés et l'écoulement cessera.

A partir de ce moment le siphon sera devenu un véritable manomètre barométrique ; dans chaque branche la hauteur du liquide maintenu au-dessus du niveau du vase correspondant mesurera la pression de l'air restant dans la cloche.

Si l'on venait à faire rentrer l'air extérieur dans le récipient, les niveaux remonteraient dans les 2 branches du siphon, celui-ci serait de nouveau amorcé et l'écoulement reprendrait de lui-même.

CHAPITRE XI

CHALEUR

La chaleur est une des manifestations de l'énergie qui a généralement pour effet d'écarter les molécules des corps. C'est à elle que nous rapportons nos sensations de froid et de chaud.

C'est elle, comme nous le verrons plus tard, qui permet de fondre et de volatiliser les corps.

Il est bon de remarquer dès maintenant que ce que nous appelons froid, n'est qu'une expression particulière des effets de la chaleur. Un corps froid est tout simplement moins chaud qu'un autre corps servant de terme de comparaison. Ainsi nous disons, par exemple, en touchant un corps avec la main, qu'il est froid s'il est moins chaud que notre main.

Effets produits par la chaleur sur les corps. — Nous avons dit que la chaleur fait ordinairement écarter les molécules des corps. Donc les corps augmentent de volume lorsqu'on les chauffe que lque soit leur état : solide, liquide ou gazeux.

Ces phénomènes peuvent être facilement mis en évidence à l'aide d'expériences simples et d'ailleurs classiques.

Expérience du pyromètre à cadran. — Imaginons une barre de longueur quelconque AB et un appareil formé d'une planchette xy, d'un petit étau E muni d'une vis V et d'un support S portant l'axe d'oscillation d'un levier coudé MOF (fig. 122).

Le petit bras porte un contrepoids qui le maintient dans la position verticale lorsqu'il est libre, et le gros bras peut se dé-

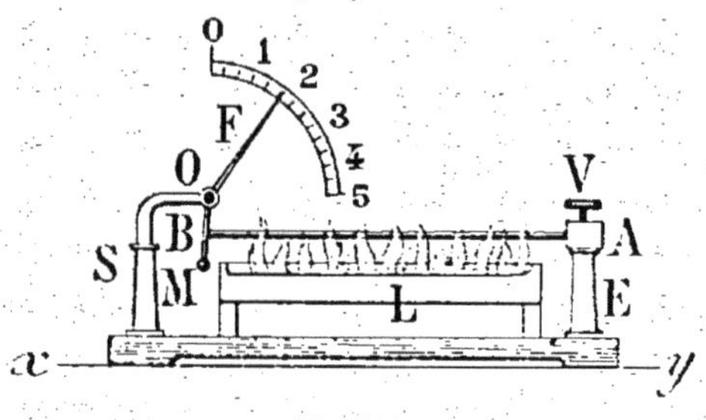

Fig. 122.

placer sur un cadran gradué solidaire du support S. Plaçons la barre dans l'étau et le support, de façon que l'extrémité B de la barre soit tangente à M. L'aiguille est au zéro de la graduation. Chauffons la barre sur sa longueur au moyen de la lampe L. Aussitôt, nous voyons l'aiguille marcher sur la droite du cadran indiquant un déplacement du bras M vers la gauche. Cela n'a pu se produire que par l'allongement de la barre.

Expérience de l'anneau de S'Gravesande (fig. 123 et

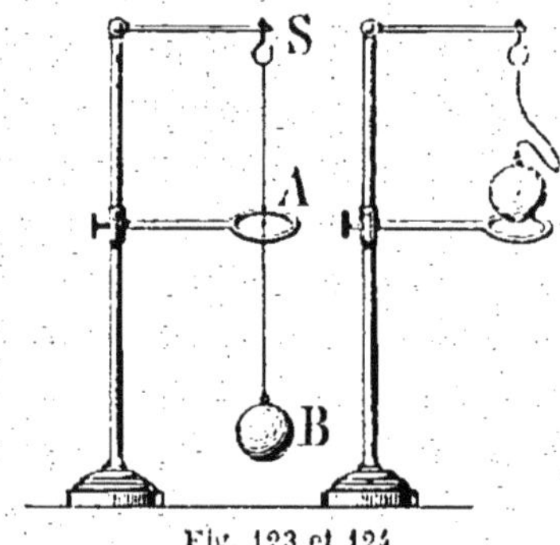

Fig. 123 et 124.

124). — L'expérience précédente nous montre que les molécules se sont déplacées linéairement. L'expérience de S'Gravesande va nous montrer qu'elles se déplacent dans tous les sens. Imaginons, pendue à un support S par un fil, une boule B en cuivre capable de passer librement à travers un anneau A. Faisons sortir la boule de l'anneau et chauffons-là. Si nous la reposons sur l'anneau, elle ne peut plus passer, mais au bout d'un certain temps, lorsqu'elle s'est refroidie, elle repasse librement.

Dilatation des liquides. — Prenons un flacon, une bouteille ordinaire par exemple et remplissons-la d'eau rougie. Pour plus de précision, nous aurons fait passer dans le bouchon un long tube A ouvert aux deux bouts. Nous ferons en sorte que le liquide s'élève dans le tube jusqu'à un certain repère en *i*. Chauffons la bouteille au moyen d'une lampe L (fig. 125).

Fig. 125.

Immédiatement nous voyons le liquide descendre dans le tube, ce qui n'est pas surprenant, le flacon ayant commencé par se dilater. Puis lorsque l'eau commence à chauffer, le liquide revient au repère qu'il dépasse ensuite rapidement. Sous l'influence de la chaleur, l'eau a donc bien augmenté de volume.

Tous les mécaniciens ont observé ce phénomène qui se produit quelque temps après l'allumage ; avant que l'eau ait eu le temps de s'échauffer, le volume baisse notablement dans le tube de niveau de la chaudière.

Dilatation des gaz. — Reprenons le flacon précédent, mais remplaçons notre tube droit par un tube recourbé, et laissons le flacon plein d'air. Dans la partie recourbée du tube, il y aura un peu de liquide coloré. Prenons la bouteille entre nos deux mains. Immédiatement la petite quantité de liquide s'élève en *a* dans la branche supérieure du tube (fig. 126).

La chaleur de la main a suffi à faire dilater le gaz, ce qui a forcé le liquide à fuir.

Thermomètres. — On appelle thermomètre un instrument destiné à nous faire connaître la température relative d'une enceinte.

Les thermomètres doivent être des instruments basés sur la dilatation et d'autre part, ils ne doivent pas être susceptibles eux-mêmes d'amener des variations dans la température de l'enceinte où ils sont placés.

a

Fig. 126.

D'ailleurs, s'il est vrai que toute substance dilatable puisse en principe servir à la construction d'un thermomètre, certaines ont des avantages au point de vue de la pureté, de l'inoxydabilité, de la stabilité aux différentes températures, qui les font rechercher de préférence.

Dans la pratique on utilise surtout les thermomètre à mercure et à alcool.

Nous avons dit que le thermomètre n'indiquait que la température relative.

Il a donc fallu rechercher des repères, d'ailleurs tout à fait conventionnels, par rapport auxquels seront effectuées les mesures de température.

Thermomètre centigrade. — On emploie en France le thermomètre centigrade. Dans celui-ci on a choisi deux repères, l'un inférieur appelé zéro du thermomètre, correspondant à la température de fusion de la glace à la pression de 76 centimètres de mercure et l'autre supérieur correspondant à la température de vaporisation de l'eau distillée également à la pression de 76 centimètres de mercure. L'intervalle est divisé en 100 parties égales qu'on appelle degrés centigrades ; la graduation peut d'ailleurs être prolongée au-dessus et en dessous.

Thermomètre Fahrenheit. — Ce thermomètre est employé en Angleterre et dans l'Amérique du Nord.

Le zéro de la graduation de ce thermomètre correspond approximativement au plus grand froid observé en Islande et le repère supérieur correspond comme dans le précédent à la température de la vapeur d'eau bouillante, mais dans ce cas, l'intervalle est divisé en 212 parties égales. On peut déterminer le zéro de ce thermomètre par la température d'un mélange réfrigérant convenablement choisi, ou chercher le degré qui correspond à la fusion de la glace. C'est la division 32 du thermomètre.

Il en résulte que les divisions Fahrenheit n'ont pas la même longueur que les divisions centigrades puisqu'à 100 de ces dernières correspondent 212 — 32 = 180 Fahrenheit.

Un calcul simple permet toujours de passer d'une échelle à l'autre.

Exemple I. — Combien de degrés centigrades équivalent à 27 Fahrenheit ?

Si 180 Fahrenheit équivalent à 100 centigrades,

$$1 \text{ équivaut à } \frac{100}{180} \text{ et } 27 \text{ à } \frac{100 \times 27}{180} = 15 \text{ degrés centigrades.}$$

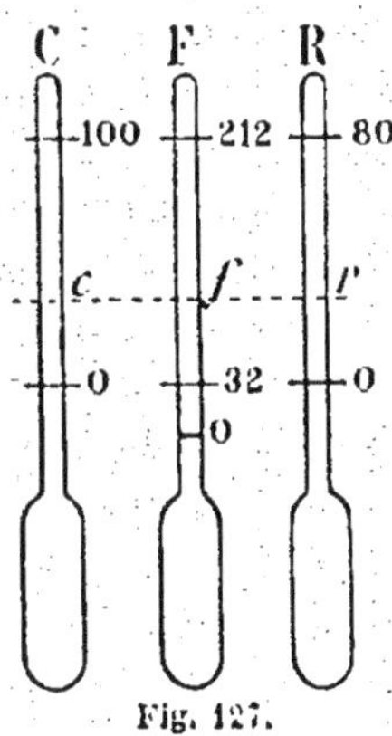

Fig. 127.

Thermomètre Réaumur.— Imaginé par le savant Réaumur, né à La Rochelle, cet instrument a été longtemps utilisé en France et l'est encore actuellement en Allemagne. Comme dans le thermomètre centigrade, les deux repères sont: la température de fusion de la glace et celle de la vapeur d'eau bouillante.

L'appareil porte 80 divisions.

Le degré 80 du Réaumur correspond donc au degré 100 du centigrade. Comme dans le cas précédent, on peut facilement passer d'une échelle à une autre. On verra par exemple que 35° C valent 28° R et que 18° R valent 25 1/2 C.

Il est facile d'établir des formules simples permettant de passer rapidement d'une échelle à l'autre.

Soient c, f, r les nombres de degrés pris à la même température à trois thermomètres Centigrade, Fahrenheit et Réaumur (fig. 127). On peut écrire :

$$\frac{c}{f-32} = \frac{100}{180} = \frac{5}{9} \text{ d'où l'on tire } \begin{cases} c = \frac{5}{9}(f-32) & (1) \\ f = \frac{9}{5}c + 32 & (2) \end{cases}$$

$$\frac{r}{c} = \frac{80}{100} = \frac{4}{5} \text{ d'où l'on tire } \begin{cases} c = \frac{5}{4}r & (3) \\ r = \frac{4}{5}c & (4) \end{cases}$$

En remplaçant dans (2) c par sa valeur prise dans (3) il vient

$$f = \frac{9}{5} \times \frac{5}{4}r + 32 = \frac{9}{4}r + 32 \qquad (5)$$

et en remplaçant dans (4) c par sa valeur prise dans (1)

$$r = \frac{4}{5} \times \frac{5}{9}(f - 32) = \frac{4}{9}(f - 32) \qquad (6)$$

Graduation d'un thermomètre centigrade à mercure. — Les tubes thermométriques sont livrés directement par l'industrie.

Ils se composent d'une ampoule A à laquelle fait suite un corps cylindrique B (tube capillaire) et une ampoule C fermée lors de la construction (fig. 128). Aucune matière étrangère n'a par suite pu pénétrer dans le tube pendant le temps parfois très long qu'il doit rester en magasin.

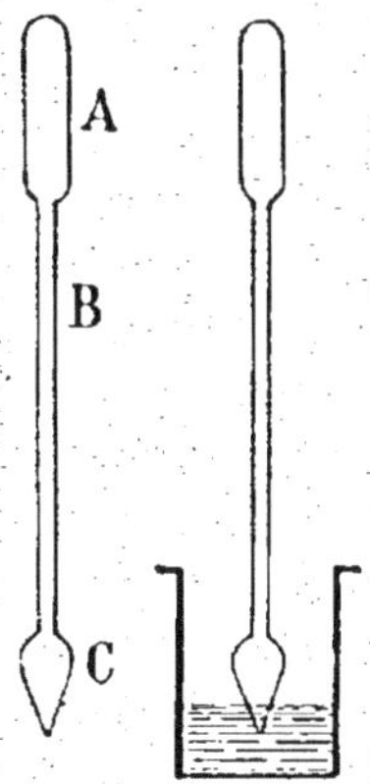

Fig. 128 et 129.

La première opération est celle du remplissage ; on brise la pointe et on chauffe l'ampoule ce qui fait sortir une certaine quantité de l'air qui se trouvait emprisonné dans l'appareil. On plonge alors le tube dans le vase contenant du mercure pur ainsi que l'indique la figure 129 et l'air en se contractant, diminuant de volume, une certaine quantité de mercure rentre dans l'ampoule. Il y en a même généralement assez pour le remplissage du tube. On place alors l'appareil sur une rampe inclinée et grillagée, et l'on chauffe le tube sur toute sa longueur de façon à chasser tout l'air qui y est contenu, après quoi le refroidissement entraine le mercure dans la partie la plus basse de l'appareil (fig. 130).

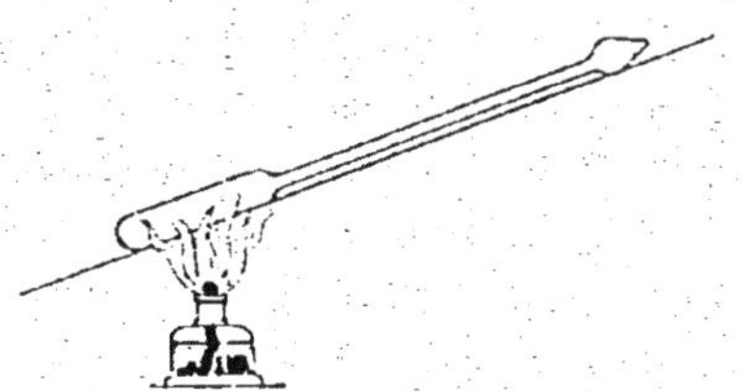
Fig. 130.

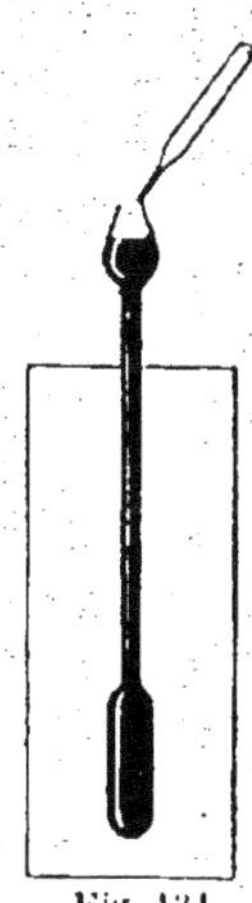
Fig. 131.

Ceci étant fait, on porte l'appareil dans un bain indiquant la température la plus élevée que le thermomètre doit indiquer.

Le volume du mercure augmente, et une certaine quantité peut passer dans l'ampoule. On enlève cet excédent au moyen d'une pipette, puis on ferme le tube à la lampe (fig. 131).

Il ne reste plus maintenant qu'à le graduer.

Détermination du zéro. — Nous savons déjà que le zéro correspond à la température de fusion de la glace, point rigoureusement constant sous la pression de 76 cm. de mercure. On prend un vase A muni d'orifices *oo'* de dégagement d'eau de façon à être certain que la glace concassée que l'on place dans le récipient est constamment fondante (fig. 132). Bien entendu, la température ambiante doit être supérieure à 0°.

Le thermomètre est placé au sein de la glace comme l'indique la figure, et le mercure descend dans le tube jusqu'à devenir stationnaire. En ce point on marque un repère et l'on a obtenu le zéro de la graduation.

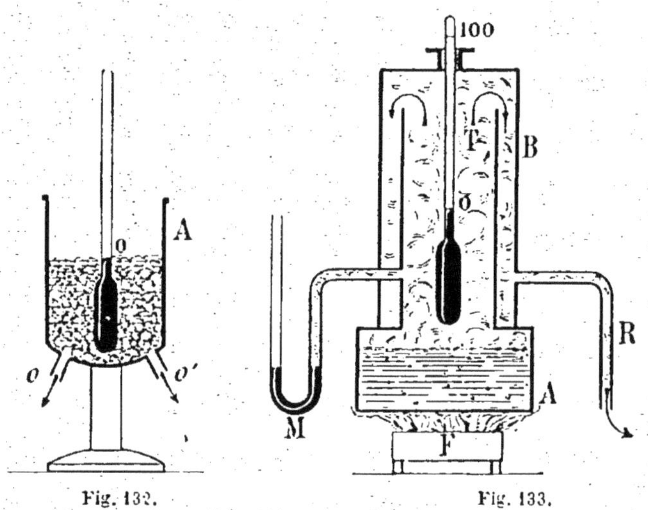

Fig. 132. Fig. 133.

Détermination du point 100. — On se sert dans ce cas d'un appareil, appelé étuve de Regnault (fig. 133).

Cet appareil se compose d'une cuve A contenant de l'eau qui peut être chauffée par un foyer F. Un chapeau B recouvre cette cuve. C'est dans le chapeau qu'est fixé le thermomètre T qui, d'une part, doit plonger au sein de la vapeur et d'autre part dépasser assez pour que le niveau du mercure à la température de la vapeur d'eau bouillante soit apparent. Un manomètre M indique d'autre part que la pression à l'intérieur de l'appareil est bien la même que la pression atmosphérique, ce qui a lieu quand le liquide est au même niveau dans les deux branches. La vapeur formée s'écoule par un robinet R. La pression atmosphérique étant de 76 centimètres, lorsque le mercure qui a monté dans le tube est resté stationnaire on fait un repère qui donnera le point 100.

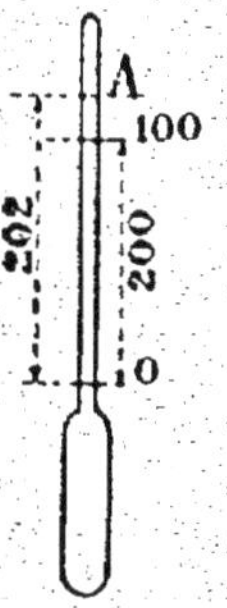

Fig. 134.

Si la pression n'est pas 76 centimètres, il faut faire une correction. Pour chaque millimètre de pression au-dessous de 760 on retranche $\frac{1}{27}$ de degré et pour chaque millimètre au-dessus on ajoute $\frac{1}{27}$ de degré.

Ainsi, supposons qu'on ait une pression de 787 millimètres en excédent de $787 - 760 = 27$ m/m (fig. 134).

La température indiquée n'est donc pas 100° mais

$$100 + 27 \times \frac{1}{27} = 101^{\circ}.$$

Mesurons la distance des deux repères inférieur et supérieur et soit 202 millimètres cette distance.

Si 101° équivalent à une longueur de 202 millimètres, 1 degré équivaut à $\frac{202}{101}$ et 100 à $\frac{202 \times 100}{101} = 200$ m/m.

Le point 100 sera donc à 200 millimètres du point zéro.

On peut ensuite prolonger les graduations à volonté au-dessus ou au-dessous des repères.

Thermomètre à alcool. — Le thermomètre à mercure peut être employé sous toutes les hautes températures, le mercure ne se vaporisant que vers 400 degrés. Mais à — 40 degrés, c'est-à-dire à 40 degrés au-dessous de zéro, le liquide se congèle.

Pour les températures inférieures, on a donc dû choisir un autre corps et le plus couramment employé est l'alcool.

Dans ce cas, le tube employé est un tube non capillaire surmonté d'un entonnoir (fig. 135). On le remplit facilement en versant de l'alcool dans l'entonnoir. Le point zéro se détermine comme pour le thermomètre à mercure, mais l'alcool bouillant vers 80°, on obtient les divisions supérieures par comparaison avec un thermomètre à mercure.

On peut par exemple obtenir la division correspondant à la température la plus élevée que devra indiquer l'appareil : 60° par exemple et l'on divise l'intervalle 0-60 en 60 parties égales.

On prolonge les divisions en dessous.

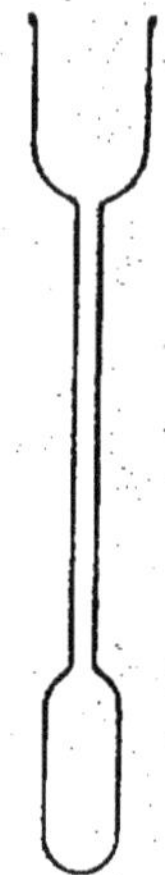

Fig. 135.

Thermomètre enregistreur (fig. 136). — Cet appareil se compose en principe d'un tube elliptique et courbé comme celui du manomètre métallique. Le tube est fermé à ses deux

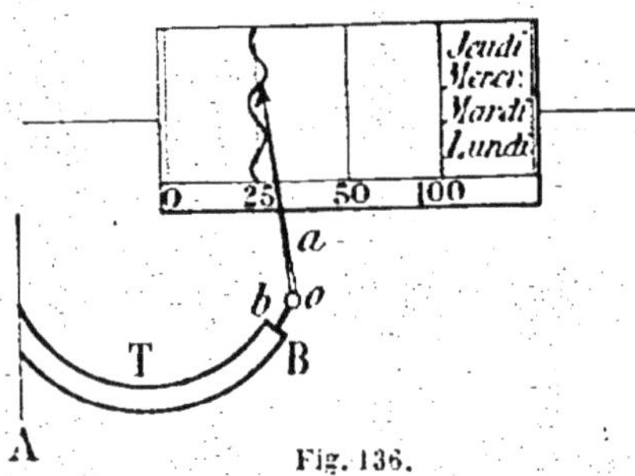

Fig. 136.

extrémités et l'une de celles-ci A est fixe. L'autre B vient en contact avec le petit bras *b* d'un levier *aob*, le grand bras portant un crayon et se déplaçant sur une feuille de papier enroulée sur un cylindre tournant uniformément (même disposition que dans les baromètres ou manomètres déjà étudiés).

On obtient ainsi les graphiques des températures de tous les instants pendant un temps déterminé.

Thermomètre à maxima et à minima. — Sur la plupart des navires, il est passé en charge au maitre-torpilleur un thermomètre tout à fait particulier appelé thermomètre à maxima et à minima. Ce thermomètre a pour but d'indiquer les températures extrêmes qui se sont produites pendant un intervalle de temps déterminé dans le local où on l'a placé.

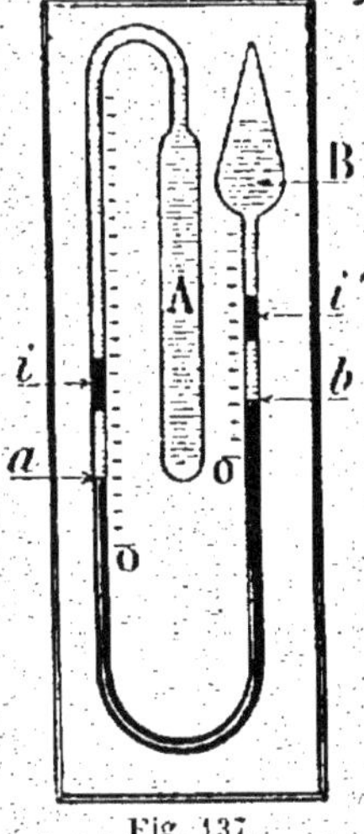

Fig. 137.

Il se compose en principe d'un tube en U. L'une des branches est terminée par un récipient cylindrique et recourbé A, l'autre par une ampoule B. Du mercure se trouve dans le tube en U jusqu'aux niveaux *a* et *b*. Au-dessus de ces colonnes de mercure se trouve de l'alcool remplissant la branche A et une partie de l'ampoule B. Des index en émail *i* et *i'* flottent dans l'alcool au dessus des niveaux mercuriels. Ces index sont suffisamment petits, de façon à se déplacer à frottement doux dans le tube (fig. 137).

Quand la température s'élève, la dilatation fait monter les liquides à droite en entraînant *i'*.

Quand la température s'abaisse, *i'* reste au point où il est monté, la contraction de l'alcool fait monter *i* à gauche et quand la température remontera, cet index restera suspendu au point le plus élevé de son ascension.

On aura donc à droite la température *maxima* et à gauche la température *minima*.

Pour ramener les index au contact du mercure, une minuscule tige de fer placée dans chacun d'eux permet leur déplacement par l'intermédiaire d'un aimant.

Pyromètres. — Ce sont des appareils destinés à indiquer de très hautes températures.

Ils sont employés dans les fours (fonderies de métaux), dans les gazogènes, etc., pour en indiquer la température. On pourrait les employer dans les chaudières pour avoir la pression de la vapeur sachant que chaque pression correspond à une température bien déterminée.

Les plus employés dans l'industrie, mais aussi les moins exacts se composent d'un tube en fer A contenant de l'azote

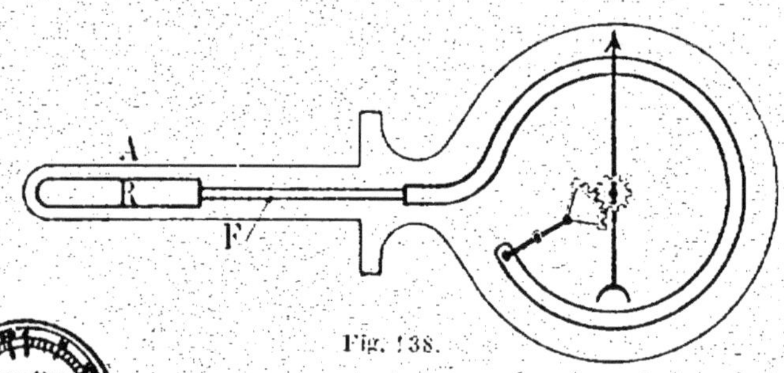

Fig. 138.

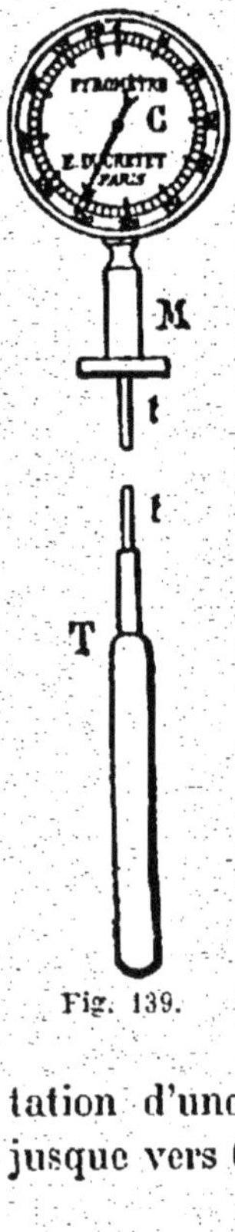

dans la partie R. (On emploie ce gaz parce que, outre qu'il est inerte, on a remarqué qu'une augmentation de température de 273° en fait doubler la pression si le volume reste constant.) R communique par un tube filiforme F avec un tube manométrique. Quand la température augmente, la pression de l'azote se transmet à travers le tube filiforme à la couche fluide du tube manométrique et celui-ci se déroule comme nous avons vu dans le manomètre. Les graduations sont indiquées sur un cadran sur lequel se meut une aiguille, et sont obtenues par un calcul fait d'après ce que nous avons dit de la dilatation de l'azote.

Nota. — On peut facilement tranformer le pyromètre précédent en pyromètre enregistreur.

Fig. 139.

Un pyromètre très simple basé sur la dilatation d'une tige de graphite *t* peut donner des indications jusque vers 600 degrés (fig. 139).

D'autres pyromètres existent, mais ce sont des pyromètres de précision basés sur des méthodes sortant du cadre de notre ouvrage.

Nous en dirons cependant quelques mots.

Pyromètres thermo-électriques (fig. 140). — Ces pyromètres sont basés sur une expérience bien connue en électricité et due à Seebeck : *Lorsque deux métaux différents*, reliés ensemble par une extrémité, sont chauffés à leur point de contact, on constate en réunissant les extrémités libres de ces

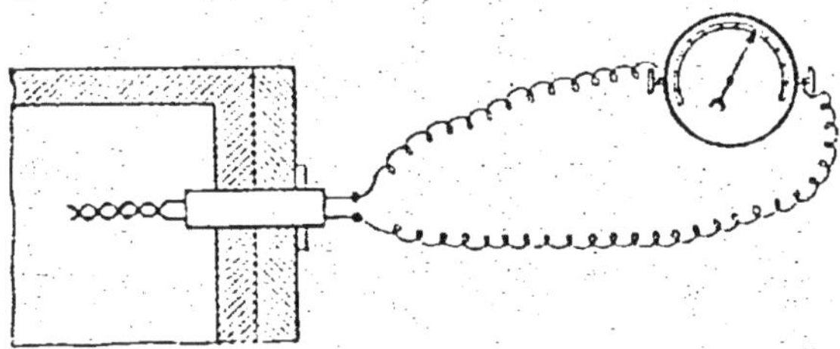

Fig. 140.

métaux aux deux bornes d'un galvanomètre sensible, qu'un courant circule dans le circuit ainsi formé ; en outre, la force électro-motrice du courant produit est d'autant plus grande que la température du point de jonction est elle-même plus élevée.

On conçoit donc qu'on aura établi un pyromètre en reliant ensemble par une extrémité deux fils métalliques de nature différente, les 2 autres extrémités étant reliées à un galvanomètre. Il suffira en effet de placer dans l'enceinte dont on voudra connaître la température les extrémités en contact, pour voir l'aiguille se déplacer sur le galvanomètre, qui pourra être gradué en degrés de température. Pour cela on placera l'appareil dans des milieux de température connue, et, par interpolation, on graduera pour les températures intermédiaires.

Remarque I. — D'après la construction de l'appareil on voit que la déviation de l'aiguille donne une intensité I tandis que la température, d'après l'expérience de Seebeck, produit une force électromotrice IR.

Pour que l'intensité lue puisse être constamment proportionnelle à la force électromotrice IR, il est nécessaire que R soit constante. Or on apprend en électricité que la résistance des conducteurs augmente avec la température

$$Rt = Ra\,(1 + at)$$

a étant un coefficient calculé pour chaque métal.

Il y a donc là un inconvénient. Cependant on obtient un circuit de résistance totale sensiblement constante, en prenant un galvanomètre de très grande résistance.

Remarque 2. — L'ensemble des deux fils métalliques précédents porte le nom de couple thermo-électrique.

Principaux couples employés. — En principe, les couples donnant la plus grande force électro-motrice et composés de métaux homogènes et inaltérables sont les meilleurs.

De très bons couples sont les couples ferro-constantan ; cuivre-constantan ; argent-constantan. Le fer, le cuivre et l'argent forment des pôles positifs excellents, et le constantan (alliage de nickel) est un négatif remarquable.

Avec ces pyromètres, on peut mesurer jusqu'à 750 degrés.

Couple Le Châtelier. — Le couple Le Châtelier, d'invention relativement récente, est actuellement le plus employé. Il permet d'enregistrer jusqu'à 1200° sans s'altérer.

Il se compose d'un fil de platine pur et d'un autre fil formé d'un alliage de platine avec 10 p. 100 d'iridium ou de rhodium. La force électromotrice de ce couple n'est pas très élevée, mais il est d'une grande précision, et les indications s'enregistrent avec une admirable netteté. Seulement, il est fragile et d'un prix assez élevé.

Pyromètre à rayonnement. — Le rayonnement calorifique combiné avec la méthode électrique que nous venons d'indiquer permet de lire les températures d'une enceinte sans qu'il soit nécessaire de plonger le pyromètre dans cette enceinte.

On utilise pour cela un système de lentilles convenablement agencé ou un miroir argenté sur lequel on concentre les radiations calorifiques émises à distance par l'ouverture d'un four et on les fait converger en un point où se trouve placé le couple thermo-électrique muni comme précédemment d'un galvanomètre.

Pyromètre à résistance. — Ce pyromètre utilise une méthode basée directement sur les variations de la résistance électrique d'un métal dont on fait varier la température.

Le métal employé est du platine pur dont le coefficient de résistivité relatif à la température est

$$a = 0,00247$$

$$Rt = R_0 (1 + 0,00247\, t)$$

d'où l'on tire $$t = \frac{Rt - R_0}{0,00247\, R_0}$$

R_0 est connu.

Il suffit donc de connaitre Rt, chose facile, en utilisant une source d'électricité, un pont de Wheatstone et un galvanomètre gradué. Cet appareil est très exact jusque vers 800 ou 900 degrés.

Pyromètres optiques. — Ces pyromètres sont de différents genres.

Dans les uns on compare l'intensité lumineuse prise par une masse de platine chaude, à l'intensité lumineuse d'une flamme étalon de température connue. On compare ensuite les deux radiations monochromatiques.

Dans d'autres (pyromètre Wanner) on utilise la loi de Wien et de Plonck : *L'intensité des radiations lumineuses d'une partie étroite du spectre d'un corps noir incandescent, croît avec la température de ce dernier suivant une loi exponentielle.*

D'autres encore utilisent les idées émises par Briot, à savoir qu'un faisceau de lumière polarisé traversant une lame de quartz taillée perpendiculairement à l'axe est polarisée dans un plan incliné sur le précédent proportionnellement à l'épaisseur de la lame et à peu près inversement au carré de la longueur d'onde de la lumière.

Méthodes diverses. — Disons enfin pour mémoire qu'on utilise des pyromètres basés sur des méthodes calorimétriques dans lesquelles on mesure la quantité de chaleur absorbée par un bloc de métal placé dans l'enceinte dont il s'agit de connaître la température.

D'autres utilisent l'écoulement des gaz, étant donné que la viscosité du gaz varie en fonction de la température. Par suite l'intensité de l'écoulement dans des conditions déterminées peut évidemment permettre de déterminer la température cause de cet écoulement.

Fusibles. — Différents fusibles permettent dans la pratique de déterminer approximativement la température des corps. Ce sont le plus souvent des alliages qui fondent à une température connue.

Dans les machines, on emploie souvent des témoins en suif que l'on place sur certaines articulations que l'on ne peut toucher à la main pendant la marche. Leur fusion indique que l'articulation atteint un degré de température trop élevé et le mécanicien a le temps de prendre ses dispositions pour éviter un accident.

Dans les chaudières Belleville, des fusibles formés d'un alliage de plomb, d'antimoine et de bismuth sont placés dans la boîte de raccord supérieure.

Leur fusion indique que la vapeur a acquis une température trop élevée.

On a alors le temps de remédier à la cause de cet état de choses.

Dans d'autres cas, les fusibles sont placés sur le foyer (machines locomotives), et lorsqu'ils viennent à fondre, la vapeur éteint le feu et empêche toute avarie de se produire.

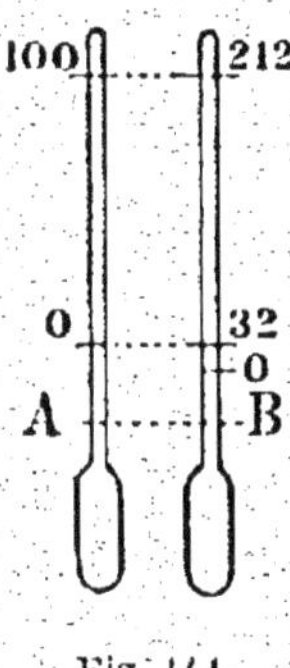

Fig. 141.

PROBLÈME

Calculer la température inférieure à 0 degré centigrade pour laquelle le thermomètre Fahrenheit et le thermomètre centigrade marquent le même nombre de degrés.

On sait que le thermomètre centigrade marque 0 dans la glace fondante et 100 degrés dans la vapeur d'eau bouillante et que le thermomètre Fahrenheit, en usage en Angleterre et aux Etats-Unis, marque 32 degrés dans la glace fondante et 212 degrés dans la vapeur d'eau bouillante (fig. 141).

Solution.

Remarquons d'abord que 100° centigrades correspondent à $212 - 32 = 180$ Fahrenheit. A 1 centigrade correspond donc $\frac{180}{100}$ ou $\frac{9}{5}$ de degré Fahrenheit.

Supposons les deux thermomètres plongés dans un bain à la température cherchée. Le liquide s'arrêtera, dans le thermomètre centigrade, en A ; dans le thermomètre Fahrenheit en B. Le nombre de degrés Fahrenheit compris entre la division 32 et la division B est égal aux $\frac{9}{5}$ du nombre de degrés centigrades compris entre la division 0 et la division A, c'est-à-dire aux $\frac{9}{5}$ du nombre cherché.

D'autre part, le nombre de degrés Fahrenheit compris entre la division 32 et la division B est égale à 32 augmenté du nombre cherché. Donc la différence entre les $\frac{9}{5}$ du nombre cherché et ce nombre lui-même ou $\frac{5}{5}$ vaut 32.

Si les $\frac{4}{5}$ (différence entre $\frac{9}{5}$ et $\frac{5}{5}$) du nombre cherché valent 32, c'est que ce nombre inconnu est les $\frac{5}{4}$ de 32. Il est par conséquent égal à 40.

La température inférieure à 0 à laquelle les deux thermomètres donnent la même indication est donc de — 40° centigrades ou Fahrenheit.

On aurait pu trouver directement et beaucoup plus simplement le résultat en appliquant les formules trouvées plus haut.

On doit en effet avoir $c = f$.

c'est-à-dire, en remplaçant par exemple f en fonction de c

$$c = \frac{9}{5}c + 32$$

soit
$$5c = 9c + 160$$

ou
$$4c = -160 \quad \text{d'où } c = -40$$

Il était d'ailleurs indifférent de remplacer c en fonction de f.

$$f = \frac{5}{9}(f - 32)$$

$$9f = 5f - 160$$

$$4f = -160 \quad \text{d'où } f = -40$$

CHAPITRE XII

COEFFICIENTS DE DILATATION

On appelle coefficient de dilatation linéaire, superficiel ou cubique d'un corps, l'accroissement que prend l'unité de longueur, de surface ou de volume de ce corps quand la température de ce dernier augmente de 1 degré.

En principe, toutes les dimensions partent de leur valeur à 0°.

Soit V_0 le volume d'un corps à 0°, V le volume de ce corps à t°

L'accroissement de volume est alors $V - V_0$ et pour un degré $\frac{V - V_0}{t}$.

L'unité de volume s'accroit donc V_0 fois moins, soit $\frac{V - V_0}{V_0 t}$.

Par définition la quantité précédente est le coefficient de dilatation cubique du corps. On le désigne par K et l'on peut écrire (le nombre K étant considéré comme constant),

$$K = \frac{V - V_0}{V_0 t} \text{ d'où } V_0 t K = V - V_0$$

et
$$V = V_0 + V_0 K t = V_0 (1 + Kt)$$

$(1 + Kt)$ porte le nom de binôme de dilatation cubique du corps; d'où l'on voit que le volume d'un corps, à la température t, est égal au volume à 0° multiplié par le binôme de dilatation cubique correspondant à cette température.

En appelant K' le coefficient de dilatation superficiel, K" le coefficient de dilatation linéaire, on aurait trouvé par une démonstration analogue à la précédente, la valeur de la surface et celle de la longueur à t° en fonctions des dimensions à o°.

$$S = S_0\,(1 + K't)$$

$$L = L_0\,(1 + K''t)$$

Remarque. — Les coefficients de dilatation sont des quantités extrêmement petites et variables avec les différents corps. Le tableau suivant indique les coefficients de dilatation linéaire et cubique d'un certain nombre de corps.

Solides.

Coefficients de dilatation linéaire

Acier trempé (0° à 100°)	0,000013	Fer (0° à 100°)	0,000012
Aluminium	0,000022	Fonte	0,000010
Antimoine	0,000010	Glace (— 30° à 0°)	0,000052
Argent	0,000019	Granit	0,000008
Bismuth	0,000014	Laiton	0,000018
Bois de sapin	0,000003	Marbre blanc	0,000008
Bronze	0,000018	Or	0,000015
Charbon de bois de sapin	0,000010	Phosphore	0,000014
Charbon de bois de chêne	0,000012	Platine	0,000008
Ciment	0,000014	Plomb	0,000028
Cuivre	0,000017	Terre cuite	0,000004
Cristal	0,000023	Verre	0,000008
Etain	0,000022	Zinc	0,000031

Liquides.

Coefficient de dilatation cubique

Alcool (0° à 78°)	0,00117	Ether sulfurique (0° à 30°)	0,00162
Chloroforme (0° à 68°)	0,00139	Mercure (0° à 350°)	0,00019
Eau (4° à 20°)	0,00010	Sulfure de carbone (0° à 60°)	0,00148
Essence de térébenthine (0° à 150°)	0,00103		

Densités des corps. — La masse d'un corps ne varie pas avec sa température, mais lorsque le volume augmente, sa densité diminue dans le rapport inverse.

On peut donc poser : $M = V_0 D_0 = VD$

d'où $$D = \frac{V_0 D_0}{V}$$

Or $$V = V_0 (1 + Kt)$$

Donc $$D = \frac{V_0 D_0}{V_0 (1 + Kt)} = \frac{D_0}{1 + Kt}.$$

Autrement dit, la densité d'un corps à t degrés est égale à la densité de 0 degré divisée par le binôme de dilatation correspondant à cette température.

Remarque. — Nous venons de dire que la densité d'un corps diminuait avec sa température. L'eau, cependant, fait exception à cette règle ; son maximum de densité a lieu à 4° centigrades.

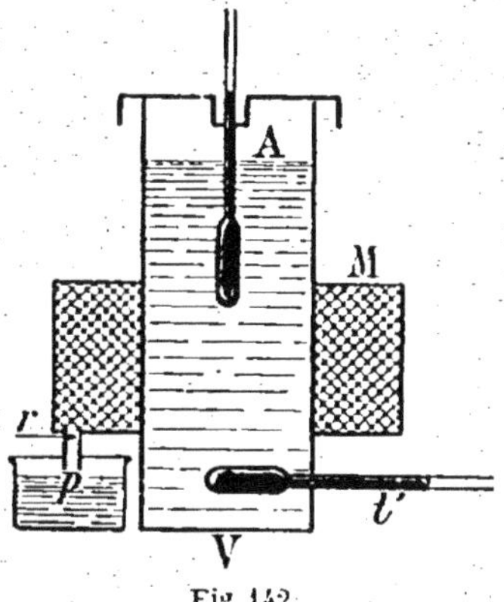

Fig. 142.

Considérons (fig. 142) un vase plein d'eau et portant deux thermomètres A et t' l'un à la partie supérieure, l'autre à la partie inférieure. Un manchon M peut être fixé autour du vase. Mettons dans V de l'eau à la température ambiante, par exemple à 25°. Puis mettons de la glace dans le manchon. La température de l'eau s'abaisse et peu à peu on voit le thermomètre t' baisser sans que bouge celui du haut. Ceci indique qu'à mesure qu'elle se refroidit, l'eau tombe dans le bas. t' à 4° s'arrête et A commence à baisser. Il atteint 4° puis 0°. Ce n'est qu'à partir de ce moment que t' baisse de nouveau et ce jusqu'à 0°. Cette expérience démontre donc d'une façon concluante que le maximum de densité de l'eau a lieu à 4°.

Théorème 1. — Le coefficient de dilatation superficiel d'un corps est le double du coefficient de dilatation linéaire.

En effet, considérons un carré ayant l'unité de longueur et élevons sa température de 1°. Chaque dimension s'accroît du coefficient de dilatation linéaire K" et devient 1 + K". La nouvelle surface devient $(1 + K'')^2$ et, par définition, on a

$$K' = (1 + K'')^2 - 1 = 1 + K''^2 + 2\,K'' - 1 = K''^2 + 2\,K''$$

Mais les coefficients étant des quantités très petites, leurs carrés deviennent assez petits pour qu'on les puisse négliger

d'où $$K' = 2\,K''.$$

Théorème 2. — Le coefficient de dilatation cubique d'un corps est le triple du coefficient de dilatation linéaire.

En procédant comme précédemment, nous aurons évidemment :

$$K = (1 + K'')^3 - 1 =$$

$$= 1 + K''^3 + 3\,K'' + 3\,K''^2 - 1 = K''^3 + 3\,K'' + 3\,K''^2$$

ou en négligeant les carrés et les cubes :

$$K = 3\,K''.$$

Détermination des coefficients de dilatation linéaire. — On utilise pour cela une règle étalon en platine dont on connaît la longueur à 0°. Soit x le coefficient de dilatation linéaire du mercure et K celui d'un corps quelconque. Plaçons sur une table la barre étalon AB et une barre du corps ab. Soit L_0 la longueur de la première barre à 0° et l_0 la longueur de la seconde. Si t est la température à laquelle on opère, on aura

$$AB = L_0 (1 + \alpha t)$$
$$ab = l_0 (1 + Kt)$$

On peut mesurer AB et ab, d'où l'on tire

$$AB - ab = d = L_0 (1 + \alpha t) - l_0 (1 + Kt)$$

La longueur l_0 peut se mesurer en mettant la barre ab dans la glace fondante. Donc, on a :

$$l_0 (1 + Kt) = L_0 (1 + \alpha t) - d$$

et
$$K = \frac{L_0 (1 + \alpha t) - d - l_0}{l_0 t}$$

Détermination du coefficient de dilatation absolue des liquides (fig. 143). — Considérons deux tubes réunis par un canal de faible section et versons du mercure dans ce récipient. Le niveau s'élève à la même hauteur dans les deux branches. Plaçons maintenant autour de la branche A un manchon renfermant de la glace concassée et fondante grâce à la purge d'écoulement p ; puis autour de l'autre branche un liquide chauffé à la température t. Les hauteurs deviennent différentes et en raison inverse des densités

$$\frac{h}{h_0} = \frac{D_0}{D} = \frac{D (1 + Kt)}{D} = 1 + Kt.$$

D'où $$K = \frac{\frac{h}{h_0} - 1}{t} = \frac{h - h_0}{h_0 t}.$$

Il est à remarquer que du fait du principe qu'on applique (vases communiquants) les hauteurs trouvées ne sont pas fonction du volume des vases employés, et par suite la dilatation de l'enveloppe n'a aucun effet sur la hauteur du mercure

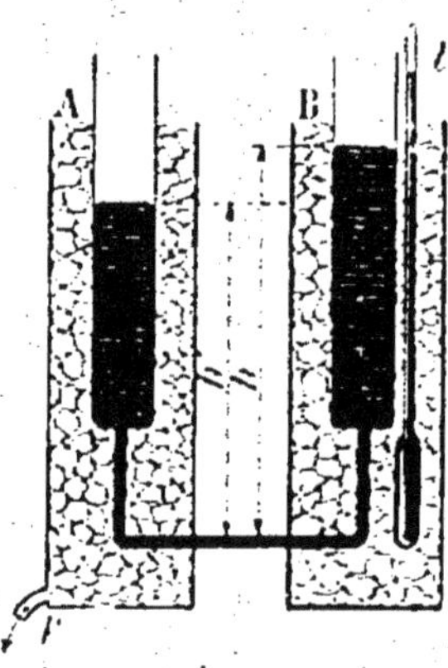

Fig. 143.

dans chacune des branches. Donc on obtient ainsi le coefficient de dilatation absolue qu'on détermine par les densités D et D_0.

Théorème. — Le coefficient de dilatation absolue d'un liquide est égal au coefficient de dilatation apparente du liquide augmenté du coefficient de dilatation cubique de l'enveloppe.

Soit un volume V_0 d'un certain liquide à 0°.

Soit K son coefficient de dilatation absolue et K' son coefficient de dilatation apparente. Chauffons-le de 1 degré.

Son volume devient $V_0 (1 + K)$.

Or, en réalité, il paraît occuper un volume $V_0 (1 + K')$. C'est qu'en effet l'enveloppe de coefficient m s'est dilatée. En chauffant de 1° chaque unité de volume s'est augmentée de m, c'est-à-dire est devenue $1 + m$. Le volume qui nous semble $V_0 (1 + K')$ est donc en réalité : $V_0 (1 + K') (1 + m)$ et l'on peut poser l'égalité

$$V_0 (1 + K) = V_0 (1 + K') (1 + m)$$

d'où $(1 + K) = (1 + K') (1 + m) = 1 + K' + m + K'm$

ou $K = K + m + K'm$. Cette dernière quantité très petite peut être négligée. Il reste : $K = K' + m$.

Dilatation apparente des liquides. — Considérons un thermomètre à mercure dont la partie supérieure est solidement fermée par un bouchon (fig. 144).

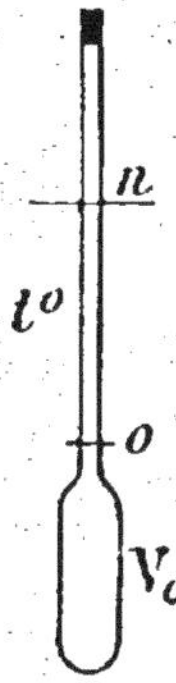

On a vu que la dilatation absolue A est égale à la dilatation apparente a, augmentée de la dilatation cubique c de l'enveloppe,

soit $$A = a + c$$

d'où $$a = A - c.$$

Fig. 144.

La dilatation absolue A peut s'obtenir par le procédé décrit plus haut.

Si c était connu, le problème serait déterminé. Or la composition du verre étant fort variable, il y a toujours lieu de déterminer c.

Chauffons le thermomètre à t^o et soit n la division à laquelle s'élève le mercure.

Le volume du mercure occupait à 0 degré un certain volume V_0 représenté par la partie renflée du tube et la partie du tube comprise entre cette ampoule et le trait o.

Le volume V du mercure est à ce moment

$$V = V_0 (1 + At)$$

Or l'enveloppe, correspondant à ce volume, s'est dilatée et est devenue

$$V = V_n (1 + ct)$$

V_n représentant le volume à 0° de l'ampoule et du tube jusqu'à la division n

On peut donc poser

$$V_0 (1 + At) = V_n (1 + ct)$$

d'où
$$1 + ct = \frac{V_0}{V_n} (1 + At)$$

et
$$c = \frac{V_0 (1 + At) - 1}{V_n t}$$

et enfin
$$a = A - \frac{V_0 (1 + At) - 1}{V_n t}$$

formule dans laquelle toutes les quantités sont connues.

Le coefficient de dilatation de l'enveloppe étant connu, en refaisant les calculs précédents avec un autre liquide, on trouvera la dilatation apparente de ce liquide.

Dilatation des gaz. — Les gaz peuvent changer de volume, soit que la pression à laquelle ils sont soumis varie, la température restant constante, soit que la température varie, la pression restant invariable, soit enfin que varient à la fois pression et température.

Premier cas : variation de volume, la pression variant et la température restant constante. — Le gaz est soumis à la loi de Mariotte.

$$VH = V'H' = V''H''$$

Deuxième cas : variation de volume, la température variant et la pression restant constante. — Tout comme pour un corps quelconque, on a :

$$V = V_0 (1 + Kt)$$

$$V' = V_0 (1 + Kt')$$

d'où
$$\frac{V}{V'} = \frac{1 + Kt}{1 + Kt'}.$$

Autrement dit : 1° Le volume d'un gaz à une température quelconque s'obtient en multipliant le volume du gaz à 0° par le binôme de dilatation correspondant à cette température.

2° Le rapport des volumes occupés par une même masse gazeuse sous pression constante, à deux températures différentes, est égal au rapport des binômes de dilatation correspondant à ces températures.

Remarque. — Un fait d'ailleurs très remarquable, c'est qu'en pratique le coefficient K est très sensiblement constant pour tous les gaz assez éloignés de leur point de liquéfaction et égal à $\frac{1}{273}$ ou 0,00367.

Troisième cas : variation de volume, la pression et la température variant. — Etant donné le volume V d'un gaz à la pression H et sous la température t, on demande le volume V' qui serait occupé par le gaz sous la pression H' et à la température t'.

1° Amenons la masse à la pression H' sans faire intervenir la température. Le volume V'' qui correspondra à cette pression sera donné par la loi de Mariotte.

$$VH = V''H'$$

d'où
$$V'' = \frac{VH}{H'}$$

Nous avons alors un volume V'' à la température t, un volume cherché V' à la température t', la pression étant H'.

On aura d'après le principe précédent :

$$\frac{V''}{1+Kt} = \frac{V'}{1+Kt'}$$ ou, en remplaçant V'' par sa valeur,

$$\frac{VH}{H'(1+Kt)} = \frac{V'}{1+Kt'} \quad \text{ou} \quad \frac{VH}{1+Kt} = \frac{V'H'}{1+Kt'}$$

L'égalité précédente est ce qu'on appelle l'*équation des gaz parfaits.*

Masse d'un gaz. — En particulier, prenons le cas de l'un des volumes à 0° et à la pression de 760 millimètres.

$$\frac{VH}{1+Kt} = \frac{V_0 \times 760}{1+K\times 0}$$

d'où $$V_0 = V \times \frac{H}{760} \times \frac{1}{1+Kt}.$$

Pour avoir la masse du gaz de volume V_0, il faudrait multiplier les 2 membres de cette égalité par la densité absolue du gaz $d \times 0{,}001293$ (d étant la densité par rapport à l'air).

D'où $$M = V \times d \times 0{,}001293 \times \frac{H}{760} \times \frac{1}{1+Kt}.$$

Ce qui s'applique aux gaz s'applique dans la pratique aux vapeurs et en particulier à la vapeur d'eau.

Pour ce dernier cas, très intéressant pour les mécaniciens, d sera prise égal à 5/8 ou 0,622. De même on prendra dans les calculs pour α les valeurs $\frac{1}{273}$ ou 0,00367.

APPLICATION DES DILATATIONS

Cerclage des roues de voitures. Frettages divers. — Une roue de voiture se compose d'un moyeu en bois d'où partent des rayons encastrés par une de leurs extrémités dans ce moyeu. Par l'autre bout ils rentrent dans des pièces de bois formant le bord de la roue et nommées jantes.

Ces diverses pièces sont assemblées au moyen d'un cercle de fer. Ce dernier à froid est de diamètre plus petit que le diamètre extérieur de la jante.

En le faisant chauffer, son diamètre augmente et on peut l'emmancher autour de la jante. En se refroidissant, il vient serrer fortement les unes contre les autres toutes les parties de la jante, assurant ainsi une grande rigidité dans la roue.

Un excellent procédé pour réparer un plateau de cylindre fêlé suivant un rayon, consiste à faire un cercle de fer qu'on emmanche à chaud autour du plateau ; le cercle se resserre en se refroidissant et les deux parties de la fêlure se rapprochent d'une façon parfaite.

Rivets. — Pour river deux fortes tôles, on fait chauffer les rivets et on fait à chaud la fausse tête. En se refroidissant, le corps du rivet se contracte et les deux tôles sont appliquées fortement l'une contre l'autre.

Rails. Charpentes. — Les rails de chemin de fer, placés bout à bout, ne se touchent pas, de façon qu'en été ils puissent se dilater.

Entre deux températures d'hiver et d'été, une ligne de chemin de fer de 1000 kilomètres s'allonge en effet de près de 100 mètres.

Sans la précaution que l'on prend, les rails seraient donc arrachés de la voie.

Les charpentes en fer qui soutiennent les toitures ne sont fixées dans les maçonneries que d'un seul côté.

De même, les toitures de zinc ne sont clouées que sur un de leurs bords.

Tuyaux-collecteurs. — Les tuyaux de fonte servant à la conduite des eaux et du gaz d'éclairage, au lieu d'être invariablement soudés, s'emboîtent à frottement l'un dans l'autre, afin que les variations de température n'aient d'autre effet que de faire avancer ou reculer l'extrémité de l'un des

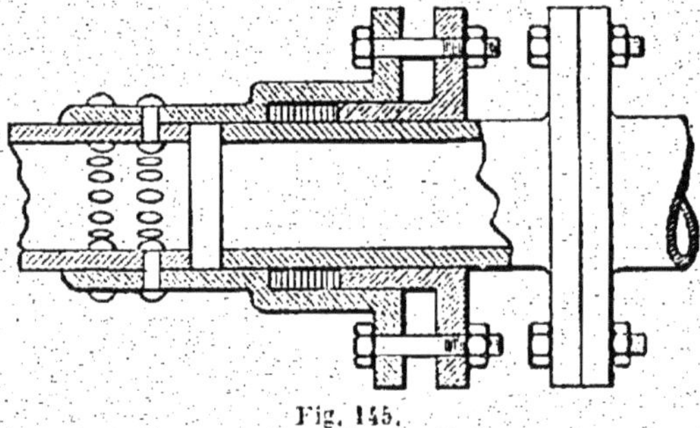

Fig. 145.

tuyaux à l'intérieur de l'autre. C'est le principe des joints glissants employés à bord des navires sur les gros collecteurs de vapeur (fig. 145).

Quelquefois aussi, lorsque les tuyaux sont de faible diamètre, on leur fait faire des coudes plus ou moins sinueux ayant parfois la forme de cors de chasse.

Flacons à l'émeri. — Dans certains flacons bouchés à l'émeri (c'est-à-dire dans lesquels le bouchon a été ajusté dans le goulot par un rodage à l'émeri) il arrive souvent qu'il est impossible d'enlever le bouchon.

En chauffant légèrement le goulot, le bouchon s'enlève sans peine.

Correction des hauteurs barométriques. — Soit H la hauteur barométrique lue à un instant quelconque. Cette hauteur n'est pas exacte puisqu'elle est fonction de la température. On est alors convenu de ramener toutes les hauteurs lues à la hauteur correspondant à 0°. La hauteur H_0 correspondante est alors donnée par la relation.

$$\frac{H_0}{H} = \frac{D}{D_0}$$

D_0 et D étant les densités correspondant à 0° et à t°

d'où
$$H_0 = \frac{DH}{D_0} = \frac{D_0 H}{D_0 (1 + Kt)}$$

ou
$$H_0 = \frac{H}{1 + Kt}$$

Pendule compensateur. — *La pendule* est un instrument destiné à donner l'heure. Elle se compose d'un système d'engrenages mis en marche par un ressort, le tout étant réglé par un balancier qui n'est autre chose qu'*un pendule.*

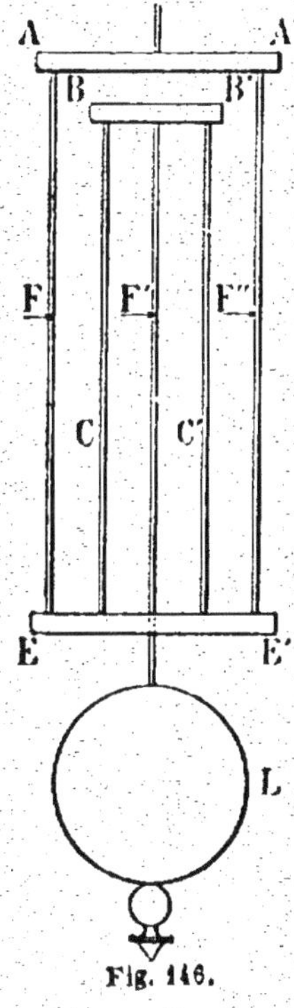

Fig. 146.

Confectionnée de la sorte, une pendule avance en hiver car la tige du balancier se raccourcit et il va plus vite ; inversement, elle retarde l'été.

Pour éviter ces irrégularités, on fait usage d'un pendule compensateur, ainsi nommé parce qu'il maintient à la même distance du point de suspension le centre de gravité de l'appareil. Soient par exemple (fig. 146) deux traverses AA', EE' reliées par deux tiges en fer FF''. La traverse inférieure EE' porte deux tiges de cuivre CC' réunies par une traverse BB' qui, elle, porte une tige en fer F'. Cette dernière porte le nom de tige lenticulaire du pendule L. La tige F' passe librement par un trou de la traverse EE'.

En été les tiges de fer en se dilatant font allonger le pendule. Les tringles de cuivre au contraire en s'allongeant le font raccourcir.

Il suffit donc de calculer la longueur des barres de cuivre et de fer pour que, eu égard aux coefficients de dilatation, l'allongement des unes compense le raccourcissement des autres.

De cette façon la pendule est réglée.

On peut d'ailleurs trouver par un calcul simple le rapport des longueurs de barres des deux matières.

Soit L_f la longueur d'une barre de fer de coefficient de dilatation α

L_c celle d'une barre de cuivre de coefficient de dilatation β.

On devra avoir à toute température.

$$L_f(1+\alpha) = L_c(1+\beta) \text{ d'où } \frac{L_f}{L_c} = \frac{1+\beta}{1+\alpha}$$

Autrement dit les longueurs doivent être en raison inverse des binômes de dilatation des corps.

Mouvements de l'atmosphère. — La dilatation de l'air par la chaleur est une des causes du vent.

En s'échauffant, en effet, l'air se dilate, devient plus léger et s'élève.

D'autre part les rayons solaires échauffent très peu cet air ; c'est donc de la terre plus vite chaude qu'il reçoit le plus de chaleur.

C'est d'ailleurs pour cette raison que la température diminue à mesure que l'on s'élève.

En s'élevant par différence de densité, l'air chaud fait un vide qui est comblé par l'air froid, ce qui donne lieu à des courants continuels.

Les différences de pression entre les diverses régions de la terre interviennent aussi dans la production de ces courants.

Imaginons maintenant deux régions inégalement chauffées. Entre ces deux régions, il se produira un double courant, l'un allant de la région chaude à la région froide, dans la partie la plus élevée, l'autre de la région froide à la région chaude à la surface de la terre.

On voit ainsi comment des différences de température peuvent contribuer à la formation de ces courants qui portent le nom de vents.

Température absolue. — En thermodynamique il est d'usage de prendre comme origine des températures le nombre qui correspondrait à — 273°. Par rapport à la température ordinaire t, la température absolue est alors $273 + t$.

La température — 273° correspond à la température à laquelle il faudrait amener un volume déterminé de gaz pris à la température t et à la pression H sous volume constant pour diminuer la pression jusqu'à zéro, le gaz ayant été refroidi à volume constant et étant admis que la loi précédemment trouvée soit rigoureusement exacte au-dessous de 0 degré.

Considérons en effet la formule $\frac{VH}{1 + \alpha t} = \frac{V' H'}{1 + \alpha t'}$

Pour V = V' il vient

$$\frac{H}{1 + \alpha t} = \frac{H'}{1 + \alpha t'}$$

ou $$H (1 + \alpha t') = H' (1 + \alpha t)$$

ou puisque $$H' = 0$$

$$H (1 + \alpha t') = 0$$

Comme H n'est pas nul on doit avoir

$$1 + \alpha t' = 0 \quad \text{d'où} \quad t' = -\frac{1}{\alpha} = -273^\circ$$

Remarque. — Considérons l'équation des gaz parfaits pour $t = 0$ et $H = 76$. Posons $76 = H_0$ et soit V_0 le volume correspondant. On a alors :

$$V_0H_0 = \frac{VH}{1 + Kt}$$

Cette équation peut s'écrire.

$$VH = V_0H_0 (1 + Kt)$$

ou

$$VH = V_0H_0K \left(\frac{1}{K} + t\right)$$

Or

$$\frac{1}{K} + t = 273 + t = T.$$

(T désignant la température absolue)

Donc

$$VH = V_0H_0KT$$

Posons

$V_0H_0K = R$, une constante. Il vient

$$VH = RT$$

C'est une nouvelle équation des gaz ; on la trouve souvent sous la forme

$$pv = RT.$$

Applications.

Problème 1

Entre deux points A et B séparés par une distance invariable égale à 1 décimètre est tendu un fil métallique cylindrique ; à

0 degré le fil est rectiligne. On chauffe ce fil de manière à en porter tous les points à une température inconnue x. Le fil se dilate et grâce à un ressort C situé dans le plan de symétrie de la figure prend la position de la ligne brisée ACB. On mesure la distance DC égale à 6 millimètres. On demande, sachant que le coefficient de dilatation linéaire K du fil est égal à 0,00002, d'en déduire la température x (fig. 147).

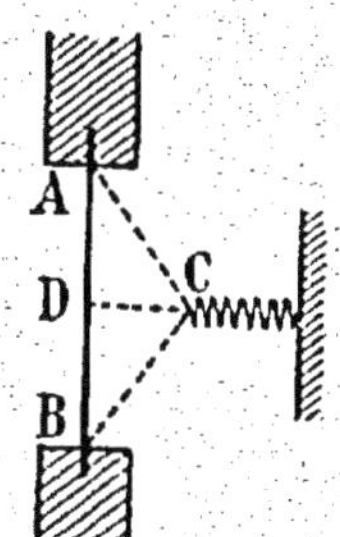

Fig. 147.

Solution.

Calculons AC. Le triangle rectangle ACD donne

$$AC = \sqrt{\overline{AD}^2 + \overline{DC}^2} = \sqrt{\overline{50}^2 + \overline{6}^2} = 50 \text{ m/m } 36$$

On a donc AC + BC = 2AC = 50, 36 × 2 = 100 m/m 72

La formule à appliquer est ici

$$lt = l_0 (1 + Kt)$$

soit en remplaçant les lettres par leurs valeurs respectives

$$100{,}72 = 100 (1 + 0{,}00002\, x)$$

On en tire $x = \dfrac{100{,}72 - 100}{0{,}002} = \dfrac{0{,}72}{0{,}002} = 360^o$

Problème 2

Une éprouvette graduée mesure 1 litre à 0 degré. On la remplit exactement d'eau à $t = 100^o$. Quel est le poids de cette eau sachant que le coefficient de dilatation cubique du verre est K = 0,000024 et que la densité de l'eau à 100° est D = 0,95865.

Solution.

Volume de l'éprouvette à $t^{o} = 1\ (1 + \mathrm{K}t)$
Poids d'eau contenue dans l'éprouvette

$$\mathrm{P} = \mathrm{V}d = 1 \times d\,(1 + \mathrm{K}t) = 0{,}95865 \times 1{,}0024 = 0 \text{ kg. } 961$$

PROBLÈME 3

Quelle pression se produirait à l'intérieur d'un vase plein d'oxygène liquide à la température de — 130° si l'on élevait la température à + 500° ?

Dans ces conditions la totalité de l'oxygène passe à l'état gazeux. La densité de l'oxygène liquide à — 130° par rapport à l'eau est 1,051. La densité de l'oxygène gazeux par rapport à l'air est 1,1056. Le coefficient de dilatation des gaz est $\frac{1}{273}$. On négligera la dilatation du vase.

Solution.

Le poids d'un centimètre cube d'oxygène liquide est 1,051 gramme.

Avec l'échauffement ce poids ne varie pas. Or la formule exprimant le poids d'un gaz à t degrés est

$$p = \mathrm{V}d \times 0{,}001293 \times \frac{\mathrm{H}}{76} \times \frac{1}{1 + \alpha t}$$

On aura donc ici en appelant x la pression cherchée

$$1{,}051 = 1{,}1056 \times 0{,}001293 \times \frac{x}{760} \times \frac{1}{1 + \frac{500}{273}}$$

d'où $$x = \frac{1,051 \times 760 \times 773}{1,1056 \times 0,001293 \times 273} = 1582 \text{ mètres}$$

de mercure.

Soit : $$\frac{158200}{76} = 2081 \text{ atmosphères.}$$

CHAPITRE XIII

CHALEURS SPÉCIFIQUES

Calorie. — La calorie est la quantité de chaleur, que l'expérience démontre être sensiblement constante, qu'il faut fournir à un gramme d'eau distillée pour élever sa température de 1 degré centigrade.

Remarque 1. — On désigne souvent par *grande calorie* une quantité mille fois plus grande que la précédente. Elle permet d'élever de 1 degré la température de 1 kilogramme d'eau.

Remarque 2. — On pourrait dire également que la calorie est la quantité de chaleur qu'il faut enlever à un gramme d'eau distillée pour abaisser sa température de 1 degré.

Remarque 3. — La définition même de la calorie nous permet de trouver quelle est la quantité de chaleur qu'il faut céder à M grammes d'eau à t^o pour les amener à la température t'.

Pour échauffer M grammes de 1 degré, il faut M fois plus de calories que pour 1 gramme, soit M calories.

Et pour augmenter la température de $t' - t$ degrés ($t' > t$) il faudra : $(t'-t)$ fois plus de calories, soit pour cette quantité de chaleur

$$Q = M (t'-t)$$

Chaleur spécifique. — Supposons que nous ayons un moyen de mesurer cette quantité de chaleur Q. Prenons maintenant un morceau de fer de même masse M que notre eau également à la température t et chauffons-le de façon à l'amener à la température t'. Si l'on mesure la quantité de chaleur fournie Q' on verra que $Q' < Q$. De même un autre corps donnerait une quantité de chaleur différente des deux précédentes. On dit que les corps ont des chaleurs spécifiques différentes.

Définition. — On appelle chaleur spécifique d'un corps quelconque la quantité de chaleur qu'il faut fournir à 1 gramme de ce corps pour élever sa température de 1 degré.

On voit que, par définition, la chaleur spécifique de l'eau est égale à l'unité.

Il faudra donc pour avoir la quantité de chaleur correspondant à l'élévation de $t' - t$ degrés de la masse M d'un corps quelconque, multiplier la quantité précédemment trouvée par un coefficient représentant la chaleur spécifique du corps sur lequel on opère. Si l'on désigne par c cette chaleur spécifique, on pourra écrire :

$$Q = Mc\,(t' - t)$$

Détermination des chaleurs spécifiques. — Plusieurs méthodes sont employées pour déterminer les chaleurs spécifiques des corps.

Méthode de fusion de la glace. — Cette méthode s'inspire du fait que chaque gramme de glace pour fondre à 0° absorbe 80 calories.

Imaginons un bloc de glace P (fig. 148) dans lequel se trouve une cavité pouvant contenir un corps A, de masse M, dont on veut déterminer la chaleur spécifique. Un canal C permettra à l'eau de fusion de s'écouler dans un vase V et un couvercle de glace D évitera les pertes de chaleur.

Le corps étant à la température t va faire fondre une certaine quantité de glace dont la masse M' sera recueillie dans le vase V. D'autre part, la fusion s'arrêtera quand le corps sera à la température de la glace, c'est-à-dire à 0 degré. Ecrivons donc que la chaleur perdue par le corps (c'est-à-dire le produit de sa masse M par sa chaleur spécifique C et par l'abaissement de température t^o) est égale à la chaleur absorbée par la glace (soit autant de fois 80 calories qu'il y a de grammes d'eau recueillie).

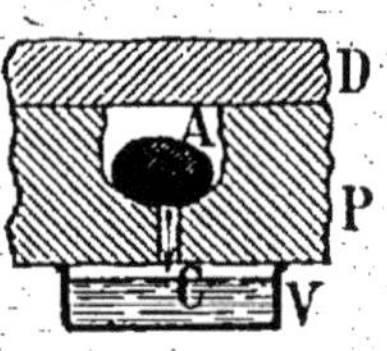

Fig. 148.

On aura $$Mct = 80M'; \quad \text{d'où} \quad c = \frac{80M'}{Mt}.$$

Méthode des mélanges. — On se sert dans ce cas d'un récipient en laiton de chaleur spécifique c et de masse m connues (fig. 149). On verse dans ce calorimètre une masse m' d'eau distillée à t^o puis on immerge dans ce liquide une masse M d'un corps à la température T (par exemple $T > t$) et de chaleur spécifique x. Au bout de quelque temps, l'eau a pris une température t' moyenne entre T et t et il ne reste plus qu'à écrire que la quantité de chaleur perdue par le corps est égale à celle qu'ont gagnée l'eau et le calorimètre.

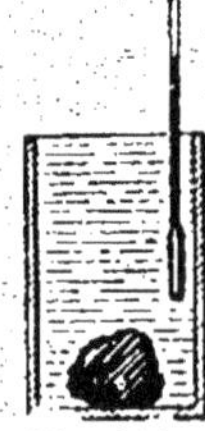
Fig. 149.

$$Mx(T - t') = mc(t' - t) + m'(t' - t)$$

ou $$Mx(T - t') = (t' - t)(mc + m')$$

et $$x = \frac{t' - t}{T - t'} \times \frac{mc + m'}{M}$$

Quant à c, il aura pu être déterminé préalablement en faisant l'expérience précédente avec une masse de même substance que le calorimètre.

Remarque. — Le produit mc est souvent donné par une seule lettre m'' et porte le nom d'*équivalent en eau du calorimètre.* Il suffit en effet de faire $m'' = mc$ pour comprendre que m'' représente la masse d'eau qui nécessiterait dans l'équation précédente la même quantité de chaleur pour s'élever du même nombre de degrés.

Bombe calorimétrique. — On définit en conduite des machines le pouvoir calorifique d'un combustible : *la quantité*

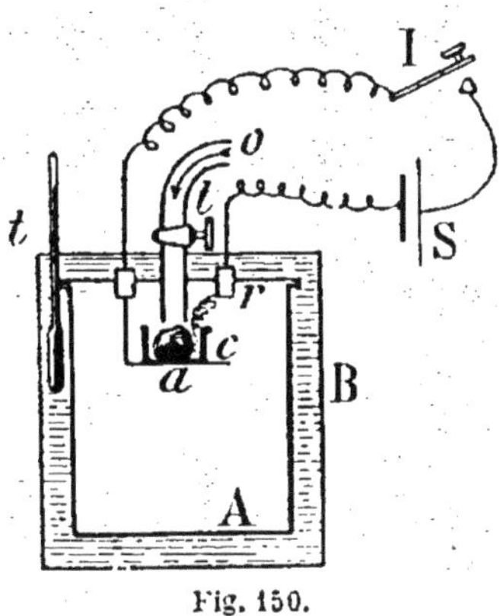

Fig. 150.

de chaleur que développe en brûlant complètement 1 kilogramme de ce combustible.

Soit un morceau de charbon, de masse 1^{kg}, placé dans une coupelle *c* à l'intérieur d'un solide récipient en acier A placé lui-même dans un calorimètre à eau B. Un tuyau *t* muni d'un robinet R permet d'envoyer dans A de l'oxygène à une pression quelconque. Le morceau de charbon est au contact d'une résistance *r* appartenant à un circuit électrique S (fig. 150).

L'appareil étant disposé, comme l'indique la figure, notons la température actuelle θ. Puis fermons l'interrupteur I ; le courant passe, échauffe *r* au point d'enflammer le charbon qui brûle au sein de l'oxygène. Quand la combustion est terminée, la quantité de chaleur développée a fait monter le thermomètre à T degrés.

Si Q est la quantité de chaleur développée, elle est égale aux quantités de chaleur absorbées par le calorimètre d'équivalent en eau m, la bombe d'équivalent m', le thermomètre d'équivalent m'', l'oxygène en excès, d'équivalent m''', l'eau de masse M.

$$Q = (M + m + m' + m'' + m''') (T - \theta)$$

La chaleur cédée par le fil en spirale de la résistance est négligée dans cette équation finale. Q est ce qu'on appelle la chaleur de combustion du corps.

Chaleur spécifique des gaz. — Un gaz, nous l'avons vu, peut être chauffé sans que sa pression varie, ou lorsque son volume est constant, de telle sorte que sa pression augmente.

Dans les deux cas, la chaleur spécifique du gaz est définie comme pour un corps quelconque, mais avec une mention particulière.

Premier cas. — C'est la quantité de chaleur qu'il faut fournir à 1 gramme du gaz pour élever sa température de 1 degré, *la pression du gaz ne variant pas.*

Deuxième cas. — C'est la quantité de chaleur nécessaire pour élever de 1 degré la température d'un gramme du gaz, *le volume restant invariable.*

Ces deux chaleurs spécifiques sont notablement différentes.

Tableau de chaleur spécifique de quelques corps.

CORPS SIMPLES (*de* 15° *à* 100°)

Aluminium	0,212	Hydrogène	3,409
Antimoine	0,050	Iode	0,054
Argent	0,057	Magnésium	0,245
Arsenic	0,081	Mercure liquide	0,033
Azote	0,243	Nickel	0,102
Bismuth	0,030	Or	0,032
Cadmium	0,054	Oxygène	0,217
Chlore gazeux	0,122	Platine	0,032
Cobalt	0,107	Plomb	0,031
Cuivre	0,095	Soufre	0,176
Étain	0,057	Zinc	0,093
Fer	0,112		

CORPS COMPOSÉS

Gaz (15° à 100°)

Air	0,237	Méthane	0,593
Ammoniaque	0,508	Oxyde azoteux	0,226
Anhydride carbonique	0,217	Oxyde azotique	0,231
Anhydride sulfureux	0,154	Oxyde de carbone	0,245
Ethylène	0,404		

Liquides (10° à 15°)

Acide acétique	0,460	Eau : glace (0°-1°)	0,474
Acide sulfurique	0,336	Eau : liquide (0°-1°)	1
Alcool (0°-1°)	0,547	Eau : vapeur (0°-1°)	0,477
Benzine (0°-1°)	0,436	Essence de térébenthine (0°-1°)	0,453
		Ether (0°-1°)	0,529

Solides (15° à 100°)

Gypse	0,196	Quartz	0,191
Laiton	0,095	Verre	0,198
Marbre blanc	0,215		

Remarque. — On peut se rendre compte, d'après le tab'eau précédent, que la chaleur spécifique de la plupart des corps est notablement inférieure à celle de l'eau.

Applications.

PROBLÈME 1

On demande la chaleur spécifique d'un corps pesant 60 grammes sachant que 1326 calories ont porté de 45 à 130 degrés la température de ce corps.

Solution.

De la formule générale $q = Mc\,(t' - t)$

on tire $$c = \frac{q}{M\,(t' - t)}$$

Ou en remplaçant les lettres par leurs valeurs

$$c = \frac{1326}{60\ (130 - 45)} = \frac{1326}{60 \times 85} = 0{,}26$$

Problème 2

Une masse de plomb pesant 200 grammes est plongée dans 800 grammes d'eau à 12° contenue dans un calorimètre en laiton dont la masse est 615 grammes. La chaleur spécifique du plomb est 0,031. Celle du laiton 0,094. La température finale est 15 degrés. On demande la température initiale.

Solution.

Soit x la température initiale.
Chaleur perdue par le plomb

$$200 \times 0{,}031\ (x - 15)$$

Chaleur gagnée par l'eau

$$800\ (15 - 12) = 800 \times 3.$$

Chaleur gagnée par le calorimètre

$$615 \times 0{,}094\ (15 - 12) = 615 \times 0{,}094 \times 3.$$

Ecrivons que la quantité de chaleur perdue par le plomb est égale à la quantité de chaleur gagnée par l'eau et le calorimètre.

$$200 \times 0{,}031 \times (x - 15) = 800 \times 3 + 615 \times 0{,}094 \times 3$$

ou en effectuant

$$6,2\,x - 93 = 2400 + 167,28$$

ou $$6,2\,x = 2400 + 167,28 + 93 = 2660,28$$

d'où $$x = \frac{2660,28}{6,2} = 429 \text{ degrés.}$$

Problème 3

Un corps formé de deux parties, l'une de laiton et l'autre de zinc, est chauffé à + 71° centigrades et plongé dans 800 grammes d'eau placés dans un calorimètre en platine dont le poids est de 135 grammes. La température initiale de l'eau est + 12° 52. La température finale + 13° 04. On demande le poids du zinc composant le corps sachant qu'il renferme le tiers de son poids de zinc.

Chaleur spécifique du cuivre 0,0968.

Chaleur spécifique du platine 0,0333

Chaleur spécifique du zinc 0,0935

L'équivalent en eau de la portion du thermomètre plongée dans l'eau est de 3 gr. 5

Solution.

Désignons par x le poids du zinc cherché

Le poids du cuivre sera alors $2\,x$

Quantité de chaleur perdue par le laiton :

$$(x \times 0,0935 + 2\,x \times 0,0968)\ (71 - 13,04)$$

Quantité de chaleur gagnée par l'eau, par le calorimètre et par le thermomètre.

$$(800 + 135 \times 0,0333 + 3,5)\ (13,04 - 12,52)$$

La chaleur perdue dans le premier cas est égale à la chaleur gagnée dans le second d'où

$$(0{,}0935\ x + 0{,}1936\ x)\ (57{,}96) = 807{,}9955 \times 0{,}52$$

soit $$16{,}60554\ x = 420{,}15766$$

d'où $$x = \frac{42015766}{1660554} = 25 \text{ gr. } 3.$$

CHAPITRE XIV

FUSION — SOLIDIFICATION

Fusion. — On appelle fusion d'un corps le passage de ce corps de l'état solide à l'état liquide. Ce phénomène a lieu sous l'action de la chaleur.

Les différents corps entrent en fusion à des températures bien différentes. Sous la pression atmosphérique par exemple, la glace fond à 0 degré et le fer à 1600°.

0° et 1600° s'appellent les points de fusion de la glace et du fer.

Tableau des points de fusion de quelques corps.

Mercure	—40°	Plomb	320°
Glace	0°	Zinc	360°
Huile d'olive	+10°	Antimoine	432°
Suif	35°	Argent	1000°
Phosphore	43°	Or	1250°
Cire	62°	Fonte	1100 à 1200°
Soufre	115°	Acier	1300 à 1400°
Etain	235°	Fer	1500 à 1600°

Lois de la fusion. — *Première loi.* — *Sous pression constante un même corps fond toujours à la même température.*

Deuxième loi. — *La fusion n'est pas instantanée. Pendant toute la durée du phénomène, la température reste la même.*

La première loi n'est vraie qu'en tant que le corps est parfaitement pur. On voit donc qu'un corps étant donné, il sera facile de reconnaître s'il est pur en le faisant fondre.

D'autre part, lorsqu'on voudra connaître la nature d'un corps pour lequel il y aurait doute, et si ce corps est pur, il suffit de le fondre et de chercher dans une table de points de fusion quel est le corps qui fond au point trouvé.

Les deux lois précédentes se vérifient au moyen d'un thermomètre. Pour la deuxième en particulier, on reconnaît que, lorsque la fusion est terminée, si le corps est resté en contact avec la source chaude, la température commence à monter.

Expérience de Hall. — Un certain nombre de corps n'ont pas été fondus ; cela ne veut pas dire que ces corps font exception à la règle ; il semble plutôt qu'on n'a pas dû trouver des conditions favorables pour les fondre. C'est ainsi que le bois, le sucre, l'amidon et la plupart des matières organiques sont décomposées par la chaleur. D'autres résistent aux plus hautes températures connues. Le four électrique de Moissan a d'ailleurs notablement réduit le nombre de ces derniers en permettant de les chauffer à 3.600 degrés environ.

L'expérience de Hall prouve que dans d'autres conditions les autres matières pourront probablement un jour être fondues.

Prenons du calcaire et chauffons-le dans un four à chaux. Tout le monde sait que cette pierre se décompose en gaz carbonique et en chaux mais ne fond pas. Hall prit de ce calcaire qu'il réduisit en poussière, l'introduisit dans le canon d'un vieux fusil fermé hermétiquement par un bouchon à vis, et l'appareil fut porté à haute température. En ouvrant on trouva un bloc de marbre parfaitement pur. La cristallisation observée prouva que le calcaire avait fondu.

Dans les mêmes conditions, la sciure de bois se transforme en houille.

Chaleur de fusion. — La deuxième loi indique que pendant toute la durée de la fusion, la température du corps reste constante, la chaleur transmise étant uniquement employée au travail de désagrégation des molécules du corps.

On appelle chaleur de fusion du corps la quantité de chaleur nécessaire pour fondre 1 kg. du corps sans changement de température.

Ainsi nous avons dit que la chaleur de fusion de la glace était de 80 calories. Cela veut dire qu'il faut fournir à 1 kg. de glace 80 grandes calories pour la faire fondre à 0 degré.

Chaleur de fusion de quelques corps.

Phosphore	5,0 cal.	Zinc	28,1 cal.
Plomb	5,4 —	Acide acétique	41,0 —
Soufre	9,4 —	Azotate de sodium	64,0 —
Etain	14,2 —	Glace	80,0 —
Argent	21,0 —		

Remarque. — Dans la fusion des corps on remarque qu'un certain nombre d'entre eux passent de l'état solide à l'état liquide sans transition. C'est à eux que s'appliquent les lois précédentes. On appelle la fusion de ces corps *fusion brusque*. On appelle *fusion pâteuse*, la fusion de certains corps, comme la cire, qui passent par un état pâteux très caractérisé avant de fondre.

Solidification. — La solidification est le phénomène inverse de la fusion : c'est le passage d'un corps liquide à l'état solide.

Elle est soumise à des lois identiques.

Première loi. — Sous une pression constante un même corps se solidifie toujours à la même température.

Deuxième loi. — Pendant la durée de la solidification, la température reste la même.

Le corps restitue au milieu ambiant la totalité de la chaleur de fusion. A noter dès maintenant que pour un même corps dans les mêmes conditions de pression, le point de fusion est le même que le point de solidification. Ces deux lois se vérifient également au moyen d'un thermomètre.

Remarque. — Les corps qui ont une fusion pâteuse ont également une solidification pâteuse.

Surfusion. — C'est une exception aux lois de la solidification. Considérons un vase d'eau et refroidissons-le progressivement à l'abri de toute agitation. L'eau arrivera à 0 degré, puis à — 1°, — 2° et même plus loin. Un simple mouvement de l'eau ou mieux une parcelle de glace, aussi petite qu'on voudra, jetée dans le liquide amènera une solidification brusque tandis que la température remontera immédiatement à 0 degré. C'est ce phénomène qui porte le nom de surfusion.

Variation de volume des corps sous l'effet de la fusion et de la solidification. — La plupart des corps liquides qui se solidifient éprouvent une diminution de volume. Quelques-uns, au contraire, augmentent de volume ; tels sont l'eau, la fonte, l'antimoine. C'est ce qui explique pourquoi la fonte est utilisée pour faire des moulages de pièces compliquées. On la coule dans un moule et, en se solidifiant, elle remplit exactement toutes les cavités, épousant parfaitement la forme des moindres détails.

Remarque. — Lorsque la fonte est complètement solidifiée, elle suit alors la loi générale de tous les corps solides, c'est-à-dire qu'en se refroidissant, elle diminue de volume ; elle a comme on dit en termes du métier un certain retrait. Le retrait de la fonte en particulier est très sensible, 1 centimètre par mètre. Pour les autres corps, le retrait est généralement moins considérable.

Influence de la pression sur la fusion des corps. — La pression facilite la fusion des corps. Prenons un bloc de glace G appuyé sur 2 supports A et B ; posons sur ce morceau de glace une corde terminée par deux poids P et P'. Peu à peu, on verra la ficelle fendre la glace qui sera traversée complètement.

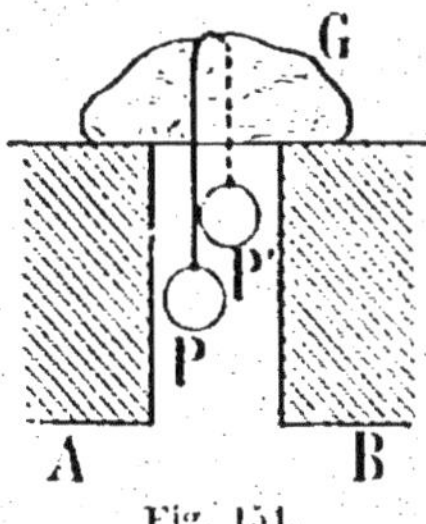

Fig. 151.

A mesure d'ailleurs que la ficelle s'enfoncera, la glace se ressoudera, ce qui indique bien qu'il y a eu fusion et non coupure (fig. 151).

Expérience de Tyndall. — Considérons deux hémisphères creux A et B dans lesquels on place assez de glace concassée pour qu'en serrant les boulons *b* et *b'*, cette glace puisse être fortement comprimée. Quand on sépare les deux hémisphères on trouve une sphère de glace transparente, ce qui prouve que sous l'influence de la pression, la glace a fondu et qu'il y a eu regel dès que la pression a cessé (fig. 152).

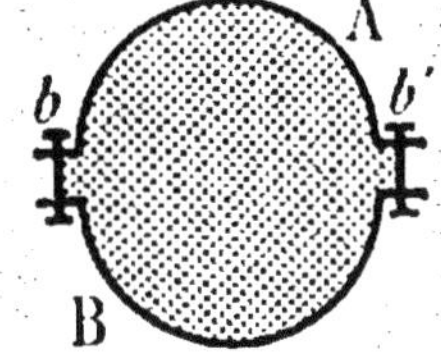

Fig. 152.

L'expérience réussit d'ailleurs même quand la température est inférieure à 0 degré.

Mousson a ainsi liquéfié de la glace en augmentant considérablement la pression. Il a dans ses expériences atteint des pressions de plus de 10.000 atmosphères, les basses températures auxquelles il opérait étant obtenues au moyen de mélanges réfrigérants.

Détermination des chaleurs de fusion. — La chaleur de fusion des corps se détermine par la méthode des mélanges.

Considérons un corps dont la chaleur spécifique à l'état solide soit C et la chaleur spécifique à l'état liquide C'. Faisons fondre une masse M du corps et chauffons-le à la température T.

Soit d'autre part θ la température de fusion du corps.

Plongeons le corps à la température T dans un calorimètre à la température t et soit t' la température finale.

Désignons par m la masse d'eau augmentée de l'équivalent en eau du calorimètre et soit x la chaleur de fusion cherchée.

La chaleur totale perdue par le corps est égale :

1° à la chaleur perdue par le corps pour se refroidir jusqu'à son point de solidification.

$$MC' (T - \theta)$$

2° à la chaleur perdue par solidification Mx

3° à la chaleur perdue par le refroidissement jusqu'à la température finale.

$$MC (\theta - t')$$

Cette quantité totale de chaleur est égale à celle qu'ont gagnée le calorimètre et l'eau.

soit $$m (t' - t)$$

d'où nous pouvons poser l'équation

$$MC' (T - \theta) + Mx + MC (\theta - t') = m (t' - t)$$

La valeur de x est alors

$$x = \frac{m (t' - t) - MC (\theta - t') - Mc' (T - \theta)}{M}$$

Détermination de la chaleur de fusion de la glace. — La chaleur de fusion de la glace peut se déterminer très facilement au cabinet de physique.

On prend une masse M de glace à 0 degré qu'on plonge dans une masse m d'eau à t^o capable de fondre toute la glace.

Si t' est la température finale on peut écrire en négligeant le calorimètre

$$Mx + Mt' = m (t - t')$$

d'où $$x = \frac{m (t - t') - Mt'}{M}$$

Application.

Un vase cylindrique d'un décimètre carré de section renferme 2 kg. d'eau à la température de 39°,6. On y ajoute 1 kg. 200 de glace à 0° et on demande :

1° A quelle hauteur s'élève l'eau dans le vase à ce premier moment.

2° A quelle hauteur elle s'élèvera lorsque l'équilibre thermique sera établi.

3° Combien de glace restera-t-il à ce moment.

4° Bien que le vase soit convenablement protégé contre les échanges de chaleur, toute la glace finira par fondre à la longue, la température extérieure étant supérieure à 0°. En résultera-t-il une modification du niveau de l'eau ?

Données numériques : Densité de l'eau à 0° = 0,9999.

Densité de l'eau à 39°,6 : 0,9923.

Chaleur latente de fusion de la glace : 79° 2.

Chaleur spécifique moyenne de l'eau entre 0° et 39°,6 : 1.

On négligera la capacité calorifique du vase ainsi que sa dilatation.

Solution.

1° D'après le principe d'Archimède le poids du volume d'eau déplacé est égal au poids du bloc de glace 1 kg. 200.

Le volume de l'eau a donc augmenté de $\frac{1 \text{ dmc. } 200}{0,9923}$

Son volume total est par suite $\frac{1.200 + 2}{0,9923} = \frac{3.200}{0,9923} = 3 \text{ dmc. } 225.$

La section du vase étant 1 dq, le nombre précédent exprime en dm. la hauteur de l'eau à ce moment.

2° L'eau au contact de la glace et en admettant que toute la glace ne fonde pas, perd un nombre de calories égal à

$$39,6 \times 2 = 79 \text{ c. } 2$$

La chaleur de fusion de la glace étant 79.2 on voit donc qu'à ce moment 1 kg. de glace a fondu.

La quantité d'eau est par suite 3 k. et la quantité de glace restant 1.200 — 1 = 0 k. 200.

La densité de l'eau étant à ce moment 0,9999, le volume de l'eau et de la glace immergée sera

$$\frac{3,200}{0,9999} = 3 \text{ dmc. } 20.$$

Le liquide s'élèvera donc dans le vase de 3 dm. 20.

3° Tant que toute la glace ne sera pas fondue, le principe d'Archimède restant applicable et la densité de l'eau restant invariable, le niveau de l'eau sera lui-même invariable.

,140?

Remarque. — En admettant que la température extérieure s'élève, la hauteur du liquide baisserait jusqu'à 4° pour remonter ensuite.

CHAPITRE XV

ÉTUDE DES VAPEURS

Vaporisation. — La vaporisation est le phénomène en vertu duquel un liquide se transforme en vapeur. Cette vaporisation peut se faire de deux façons différentes : par évaporation ou par ébullition.

Evaporation. — Dans la vaporisation par évaporation, le liquide reste au repos, en communication avec l'air libre. Les vapeurs se forment peu à peu, sans troubler l'état d'équilibre du liquide. Le phénomène n'est visible que par la diminution de ce liquide.

Ebullition. — Les vapeurs, dans ce cas, se forment au sein même de la masse liquide qui est agitée de mouvements tumultueux. Ces vapeurs viennent, sous forme de bulles, crever à la surface libre du liquide.

Vaporisation dans le vide. — Force élastique des liquides. — Vapeurs saturantes. — Prenons un baromètre formé d'un simple tube de Torricelli et, au moyen d'une pipette, introduisons un peu d'eau dans ce baromètre (fig. 153).

Par différence de densités, l'eau montera à la surface du mercure dans le tube et se vaporisera instantanément.

En même temps, la colonne de mercure baissera.

Répétons l'opération un certain nombre de fois ; chaque fois l'eau se vaporisera et le mercure baissera.

A un moment donné, cependant l'eau ne se vaporisera plus : elle restera stationnaire à la surface du mercure dans le tube, et la hauteur de ce mercure ne baissera plus. On dit alors que la chambre barométrique est saturée de vapeur d'eau, ou encore que la vapeur d'eau est saturante. L'expérience, reproduite avec un autre liquide, donne des résultats semblables. Cependant,

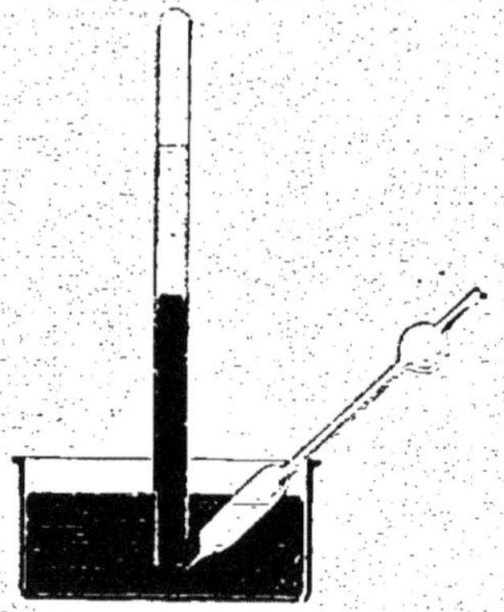

Fig. 153.

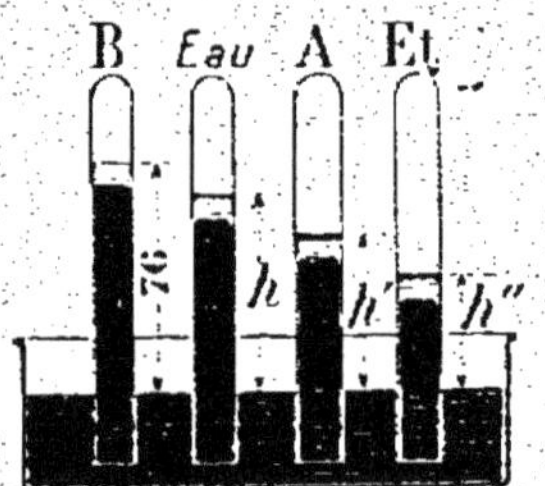

Fig. 154.

considérons plusieurs vapeurs saturantes, provenant d'eau, d'alcool, d'éther par exemple, observées dans une série de tubes barométriques à mercure (fig. 154).

Remarquons que la pression de chaque vapeur est représentée par la différence entre le niveau du mercure dans le baromètre normal et celui dont nous faisons usage dans nos expériences, soit $76 - h$, $76 - h'$, $76 - h''$, etc., à condition qu'il n'y ait au-dessus du mercure qu'un anneau de liquide de hauteur ou de poids négligeable.

Les forces élastiques des vapeurs sont donc très variables, suivant les liquides. La vapeur d'éther a une force élastique plus grande que celle de la vapeur d'alcool qui, elle-même, en a une plus grande que celle de la vapeur d'eau.

Des expériences précédentes, nous pouvons déduire les lois suivantes :

Première loi. — Un liquide s'évapore instantanément dans le vide tant que sa vapeur n'est pas saturante.

Deuxième loi. — Les forces élastiques des vapeurs saturantes varient suivant les liquides qui les ont fournies.

Remarque. — Remarquons dès maintenant que toute vapeur non saturante se conduit exactement comme un gaz.

Influence de la température. — Considérons l'un des tubes précédents contenant une vapeur saturante. Au moyen d'une lampe, échauffons la vapeur, mais de façon qu'elle soit toujours saturante. On voit le mercure baisser rapidement, indiquant que la force élastique de la vapeur augmente.

Si, en particulier, on a pris un baromètre contenant de l'eau et qu'on ait chauffé celle-ci jusqu'à 100 degrés, à ce moment l'eau résiduelle se met à bouillir tandis que l'on remarque que le mercure du baromètre est descendu au même niveau que le mercure de la cuvette, ce qui prouve que les vapeurs émises par l'eau bouillante ont une force élastique égale à la pression atmosphérique.

Influence du volume occupé par la vapeur. — Maintenant la température invariable, faisons varier le volume occupé par la vapeur en nous servant par exemple du tube de Torricelli et de la cuvette profonde.

Tant que la vapeur reste saturante, sa force élastique ne varie pas, ce qui montre que le volume occupé par une vapeur saturante n'a aucun effet sur la pression de cette vapeur. Donc, on peut dire que :

1° *La force élastique d'une vapeur saturante augmente avec la température.*

2° *La force élastique d'une vapeur dans un liquide qui bout est égale à la pression qui s'exerce sur sa surface libre.*

3° *A température constante, la force élastique d'une vapeur saturante est indépendante de son volume.*

Expérience (fig. 155, 156). — On peut montrer par une expérience très simple que la pression d'une vapeur diminue avec sa température. Prenons un petit récipient R en fer blanc, à section rectangulaire et pouvant être fermé au moyen d'un bouchon à vis V. Mettons dedans un peu d'eau et chauffons jusqu'à l'ébullition. Fermons alors hermétiquement la boite et refroidissons-la brusquement en la plongeant dans de l'eau froide par exemple.

Immédiatement la boite s'aplatira sous l'effet de la pression atmosphérique devenue plus forte que la pression intérieure.

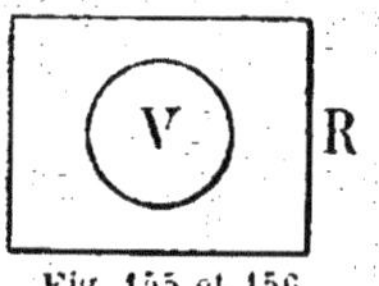

Fig. 155 et 156.

Cette expérience explique pourquoi dans les machines il ne faut jamais laisser refroidir une chaudière sans avoir soin d'ouvrir un robinet permettant la rentrée de l'air à l'intérieur du récipient. Sans cette précaution, les tôles, quoique très résistantes, pourraient s'affaisser comme cela se produit avec la boite en fer blanc.

Dans les divers systèmes à flotteur employés dans les chaudières (sifflets automoteurs, etc.) ce fait se produit parfois lorsque le flotteur, étant percé, se remplit de vapeur. L'eau d'alimentation arrivant froide sur ce flotteur, condense la vapeur et la pression ambiante le fait aplatir.

Tableau des forces élastiques maxima de la vapeur d'eau aux différentes températures.

0°	4,6	134°	3atm.
10°	9,1	144°	4
20°	17	152°	5
30°	31	160°	6
40°	55	165°	7
50°	92	171°	8
60°	149	176°	9
70°	233	180°	10
80°	355	184°	11
90°	525	188°	12
100°	1atm.	195°	14
[illegible]	2	201°	16

Formule de Duperroy. — La formule de Duperroy qui permet de trouver rapidement la pression de la vapeur connaissant sa température, ou inversement, est très employée dans la Marine. Cette formule est la suivante $\left(\frac{T}{100}\right)^4 = P$, dans laquelle T est la température en degrés et P la pression absolue en kilogrammes. Ainsi, à 120 degrés, on a

$$P = (1,2)^4 = 1,44 \times 1,44 = 2 \text{ kg. } 07.$$

En consultant le tableau, on trouve bien en effet qu'à 120° la pression absolue de la vapeur est d'environ 2 kilogrammes.

Principe de Watt ou de la paroi froide. — Considérons un

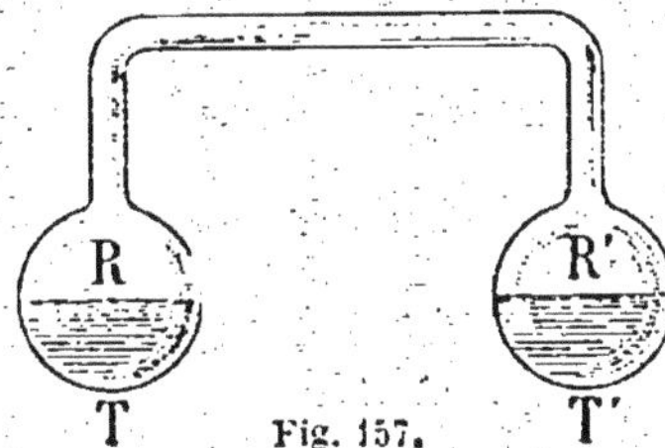

Fig. 157.

système de deux récipients en communication, chacun d'eux contenant un même liquide mais à des températures différentes T > T' par exemple (fig. 157).

Dans ces conditions l'équilibre ne saurait exister dans ces récipients.

Le liquide R émettra continuellement des vapeurs qui iront se condenser dans R' jusqu'à ce que tout le liquide se trouve réuni dans ce récipient. La pression régnant dans l'enceinte est alors celle qui correspond à la tension maxima du liquide considéré à la température T'.

Loi de Dalton et expérience de Gay-Lussac. — *Lorsqu'une vapeur saturante se trouve dans un espace déjà occupé par un gaz, sa force élastique maxima est la même que celle qu'elle a dans le vide à la même température.*

Considérons en effet un récipient V en communication avec un manomètre à air libre T. Le récipient est fermé à la partie inférieure par un robinet R et à la partie supérieure par un robinet r qui peut le mettre en communication avec un entonnoir E. Versons du mercure dans le tube T et en ouvrant et refermant soit r, soit R faisons en sorte d'égaliser les niveaux du mercure dans le tube T et le récipient V. A ce moment les deux robinets étant fermés, la pression de l'air emprisonné à la partie supérieure de V est la pression atmosphérique (fig. 158).

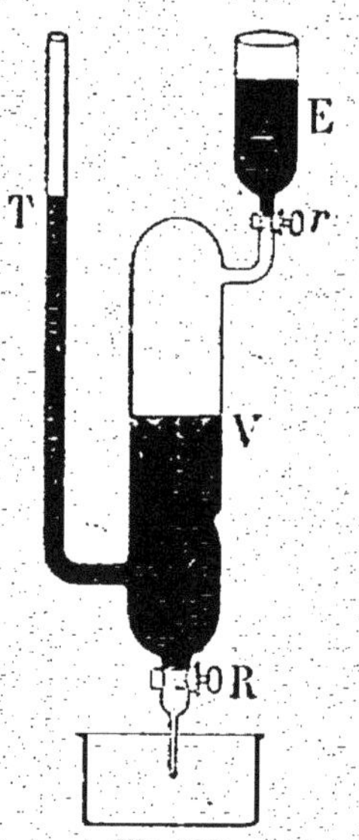

Fig. 158.

Versons maintenant dans l'entonnoir E vide de mercure de l'éther par exemple et, au moyen du robinet r ouvert très légèrement, introduisons goutte à goutte l'éther dans le réservoir V et arrêtons l'opération lorsque la partie supérieure de V est saturée de vapeur d'éther. Le mercure a baissé dans V et monté dans T.

Enlevons alors l'éther de E et remplaçons-le par du mercure

qu'on fera tomber avec précaution dans R en ayant soin de ne pas introduire d'air et arrêtons l'opération lorsque le volume gazeux de V sera devenu égal à ce qu'il était lorsqu'il n'y avait que de l'air. Mesurons à ce moment la différence entre le niveau du mercure dans V et celui dans T. Cette différence donnera la pression du mélange gazeux et l'on constate que cette pression est rigoureusement égale à la tension maxima de la vapeur saturante d'éther, dans un espace vide, à la température à laquelle on a opéré.

Conditions influant sur la rapidité de l'évaporation. — L'évaporation a lieu à toute température. (La glace et les neiges elles-mêmes émettent au-dessous de zéro des vapeurs en quantité appréciable). Cette évaporation cependant est d'autant plus rapide, ou autrement dit le poids du liquide évaporé dans un temps donné est d'autant plus grand que :

1° *La température ambiante est plus élevée.*

On constate en effet que le linge sèche plus vite en été qu'en hiver.

La quantité de liquide évaporé dans l'unité de temps ou vitesse d'évaporation est sensiblement proportionnelle à la différence $P - p$ qui existe entre la tension maxima P de la vapeur saturée à la température de l'expérience et la tension p de la vapeur contenue dans l'air à ce moment.

2° *L'espace ambiant est moins saturé de vapeur.* Cela résulte visiblement de la formule précédente. On constate d'ailleurs que le linge sèche mieux par temps sec que par temps humide.

3° *L'agitation de l'air est plus grande* (c'est pourquoi les séchoirs sont disposés de façon à favoriser les courants d'air).

On conçoit en effet que l'évaporation dans ce cas est activée parce que la vapeur est en quelque sorte balayée constamment par les couches d'air qui se renouvellent d'une façon incessante.

4° *La surface à évaporer est plus grande.*

Un litre d'eau dans un plat se vaporisera plus vite que dans une bouteille.

5° *La pression atmosphérique est plus faible.*

Il suffit de se rappeler que dans le vide la vaporisation est instantanée.

On démontre d'ailleurs que la vitesse d'évaporation est en raison inverse de la pression atmosphérique du moment.

Remarque. — D'une façon générale on a, en appelant Q la quantité de liquide vaporisé dans un temps donné, H la pression atmosphérique du moment, S la surface du liquide, P et p les deux tensions plus haut définies et K un coefficient déterminé pour chaque liquide particulier :

$$Q = KS \frac{P - p}{H}$$

L'évaporation produit du froid. — Chacun sait qu'en été il suffit d'arroser une salle pour procurer une agréable sensation de fraicheur.

Tout le monde connait les alcarazas baptisés dans la marine du nom de gargoulettes qu'on achète pour quelques sous dans les pays chauds. L'eau suinte légèrement à travers la paroi de ces vases, et se vaporise rapidement entretenant ainsi l'appareil dans une atmosphère continuellement froide.

On peut donner de ce froid produit l'explication suivante :

Faisons bouillir de l'eau dans un vase : Quand l'eau est en ébullition, la température reste constante comme on peut s'en assurer avec un thermomètre. Cependant le foyer continue à fournir de la chaleur, qui est absorbée par le passage de l'état liquide à l'état gazeux sous le nom de chaleur de vaporisation et l'on conçoit que dans la vaporisation lente il y aura de même une certaine quantité de chaleur empruntée à l'air ambiant pour produire cette transformation.

L'éther versé sur la main produit en s'évaporant une sensation de froid très vive.

Machine de Carré à frapper les carafes. — Au moyen d'une pompe pneumatique, on fait le vide dans une carafe C contenant de l'eau; l'air aspiré est absorbé par de l'acide sulfurique S (fig. 159).

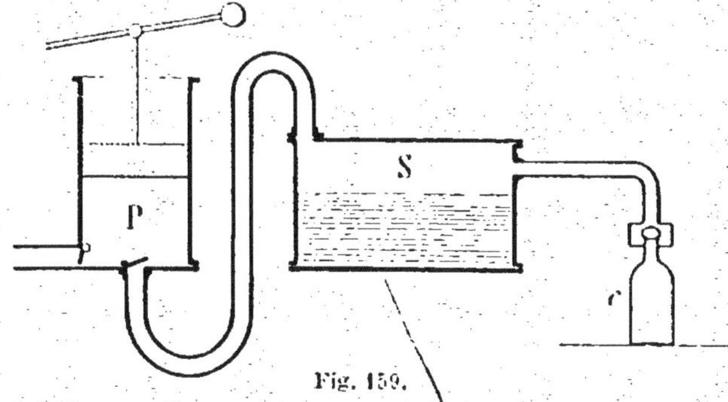

Fig. 159.

Le vide produit fait bouillir l'eau de la carafe et cette abondante production de vapeur produit assez de froid pour congeler l'eau de la carafe.

Machine frigorifique. — Un certain nombre de machines frigorifiques (machines destinées à produire du froid) sont basées sur le principe de l'évaporation.

Soit dans un récipient K le liquide à évaporer. Ce dernier

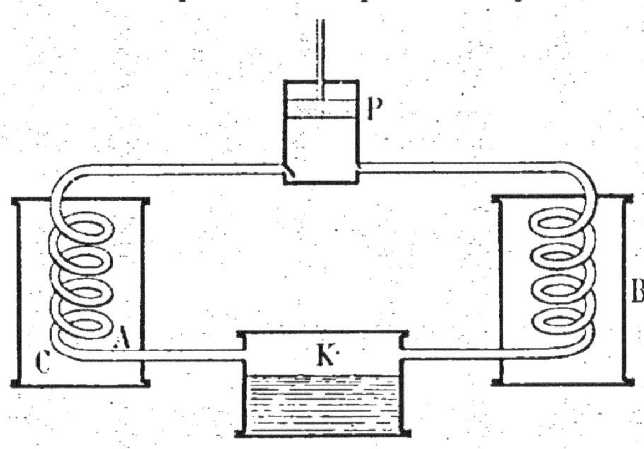

Fig. 160.

se vaporise dans le serpentin A, grâce à la pompe P qui aspire le liquide pendant une course, la course montante par exemple, et le refoule pendant l'autre course, dans le serpentin B. (fig. 160).

On conçoit que le froid produit dans A puisse abaisser la température de la chambre C. De même si le fluide aspiré par F est refoulé avec une pression suffisante, il reprendra l'état liquide et reviendra sous cet état dans le récipient K dont la température peut être maintenue constante. Tel est très schématiquement le principe d'une machine frigorifique.

Chaleur de vaporisation. — On appelle chaleur de vaporisation d'un liquide à une température donnée, le nombre de calories nécessaires pour transformer l'unité de masse du liquide considéré en vapeur saturante à la même température.

La plus intéressante pour nous des chaleurs de vaporisation est celle de l'eau. Elle est donnée par la formule empirique de Regnault.

$$Q = 606{,}5 - 0{,}695\ T \qquad (1)$$

T étant la température d'ébullition.

Chaleur totale de vaporisation. — On appelle chaleur totale de vaporisation pour l'eau, la quantité de chaleur nécessaire pour porter cette eau de 0 degré à T degrés, augmentée de la chaleur de vaporisation.

$$Q = 606{,}5 - 0{,}695T + T = 606{,}5 + 0{,}305T \qquad (2)$$

En particulier, quand l'eau est déjà à une température t, la chaleur totale n'est plus que

$$Q = 606{,}5 + 0{,}305T - t \qquad (3)$$

N.-B. — Pour une masse M, les résultats précédents sont évidemment multipliés par M.

Applications.

Chaleur de vaporisation de l'eau à 100 degrés (1).

$$Q = 606{,}5 - 0{,}695 \times 100 = 537 \text{ cal.}$$

Chaleur totale $= 537 + 100 = 637$ cal.

On peut d'ailleurs appliquer la formule (2)

$$606{,}5 + 0{,}305 \times 100 = 637 \text{ cal.}$$

Détermination des chaleurs de vaporisation. — La méthode suivante est due à Berthelot.

L'appareil se compose d'un calorimètre dans lequel plonge

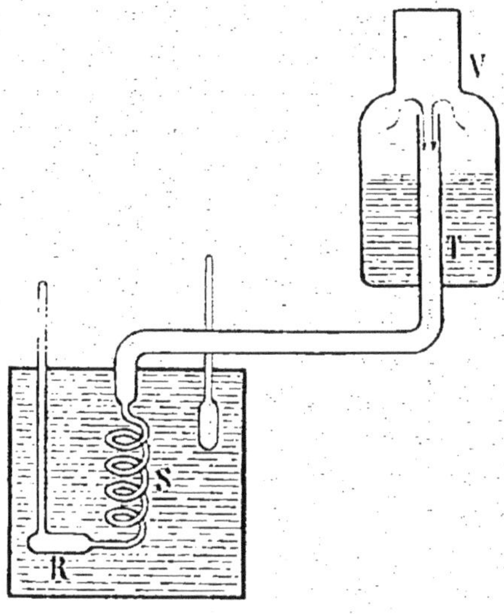

Fig. 161.

un serpentin S terminé par un petit réservoir R, en communication avec l'air libre (fig. 161).

L'autre extrémité est fixée sur un tube débouchant à l'intérieur d'un vase clos V dans lequel il y a une masse d'eau M connue. On fait bouillir cette eau. La vapeur passe dans le tube T, traverse le serpentin S et arrive condensée en R. Un thermomètre indique l'augmentation de la température de l'eau du calorimètre. On arrête l'opération au bout de quelque temps en notant la température finale θ. Négligeons le thermomètre. Soit c l'équivalent en eau du calorimètre, c' la masse d'eau de ce calorimètre, m la masse d'eau recueillie en R, t la température initiale.

On peut écrire, si T était la température d'ébullition, que la quantité de chaleur nécessaire pour condenser m grammes de vapeur à la température finale est égale à la chaleur absorbée par le calorimètre.

$$(c + c')(\theta - t) = mx + m(T - \theta)$$

θ étant la chute de température de la vapeur ; d'où l'on tire

$$x = \frac{(c + c')(\theta - t) - m(T - \theta)}{m}$$

Applications.

Problème I

Un gramme de charbon dégage en brûlant 8.000 calories. — On utilise pour vaporiser de l'eau déjà à 100 degrés la chaleur dégagée par la combustion de 1 kilogramme de charbon. Quel poids de vapeur obtiendra-t-on ?

Solution.

La chaleur de vaporisation de l'eau à 100° est 537 calories.
1 kilogramme de vapeur absorbe 537 grandes calories.
1 kilogramme de charbon dégage 8000 grandes calories.
Nombre de kilogrammes de vapeur formée

8000 : 537 = 15 kgs par excès.

Problème 2.

Dans une chaudière contenant de l'eau à 10 degrés, on envoie de la vapeur à 100 degrés, de façon que la vapeur étant complètement condensée, la température de l'eau soit devenue égale à 30°. La chaudière contenant 250 litres d'eau, on demande le poids de vapeur employé.

Solution.

Chaleur de vaporisation ou de condensation de la vapeur à 100 degrés = 537 calories.

Désignons par x le poids de vapeur cherché.

On a : chaleur de condensation = 537 x.

Pour se refroidir de 100 à 30 degrés, la vapeur condensée perd un nombre de calories égal à

$$(100 - 30)\,x = 70\,x$$

Chaleur de condensation totale

$$70x + 537x = 607\ x$$

L'eau a augmenté de

$$(30 - 10) = 20 \text{ degrés.}$$

Chaleur absorbée

$$250 \times 20 = 5.000 \text{ calories.}$$

On doit avoir : chaleur gagnée = chaleur perdue,

soit $$5000 = 607x$$

d'où $$x = \frac{5000}{607} = 8 \text{ kg. } 237$$

Problème 3

Dans un récipient rempli de glace à 0° et percé d'un orifice à sa partie inférieure, on injecte 1 kilogramme de vapeur d'eau à 100 degrés.

Quel est le poids d'eau qui s'écoulera du récipient ?

Solution.

La chaleur totale de vaporisation de l'eau ou de condensation de la vapeur à 0 degré est de 637 calories. Comme 1 kilogramme de glace absorbe 80 calories, on pourra en liquéfier

$$\frac{637}{80} = 7 \text{ kg. } 996 \text{ de glace.}$$

Si l'on ajoute à cette quantité l'eau provenant de la vapeur condensée, soit 1 kilogramme, on recueillera

$$1 \text{ kg.} + 7 \text{ kg. } 96 = 8 \text{ kg. } 96 \text{ d'eau.}$$

CHAPITRE XVI

ÉBULLITION

Lois de l'ébullition. — Nous avons vu que l'ébullition était une formation tumultueuse de vapeur. L'ébullition est soumise à plusieurs lois.

Première loi. — Dans les mêmes conditions de pression, un liquide bout toujours à la même température.

Deuxième loi. — La température reste constante pendant toute la durée de l'ébullition, si la pression reste la même.

Ces deux lois se vérifient au moyen d'un thermomètre et d'un baromètre. On doit se demander, dans le second cas, ce que devient la chaleur fournie par le foyer puisque la température du liquide qui la reçoit n'augmente plus à partir du commencement de l'ébullition. Cette chaleur est uniquement employée à produire le changement d'état. C'est ce que nous avons appelé chaleur de vaporisation.

Troisième loi. — Lorsqu'un liquide bout, pendant toute la durée de l'ébullition, la tension de la vapeur produite est égale à la pression qui agit sur le liquide.

Prenons un tube recourbé dont l'une des branches A est

fermée et l'autre B ouverte (fig. 162). Remplissons la branche fermée de mercure et d'un peu d'eau, celle-ci se trouvant évidemment à la partie supérieure de la branche. La hauteur du mercure est différente dans chacune des branches. Portons le tube dans un récipient R contenant de l'eau et portons cette dernière à l'ébullition. Une certaine quantité de l'eau de la branche B se vaporisera. Comme cette vapeur est saturante et qu'elle est à la même température que celle du récipient R,

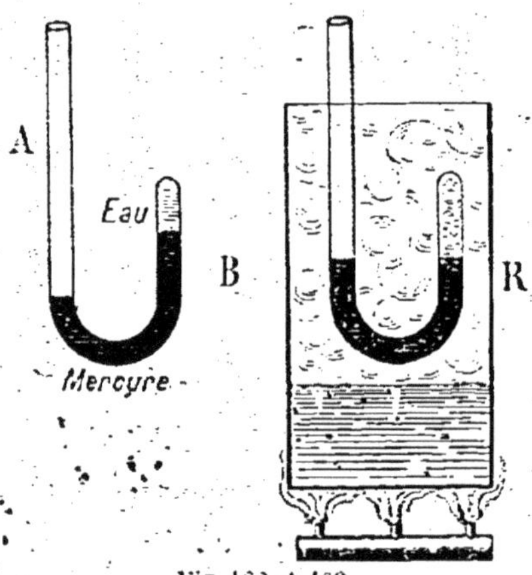

Fig. 162 et 163.

les tensions de ces deux vapeurs sont aussi les mêmes. Or le mercure se met de niveau dans les deux branches, ce qui prouve que la tension de la vapeur de B est bien égale à la pression atmosphérique (fig. 164).

Influence de la pression sur la température d'ébullition. — L'augmentation de pression élève le point d'ébullition des liquides; la diminution au contraire, favorise l'ébullition.

Ce dernier cas est expérimentalement démontré dans la machine de Carré, et, en somme, on conçoit aisément que la pression exercée à la surface d'un liquide contrarie le phénomène de l'ébullition.

Tout le monde d'ailleurs connait l'expérience classique de

Franklin. On fait bouillir de l'eau dans un flacon puis on renverse ce dernier. L'ébullition cesse. Mais si sur ce flacon on place un morceau de linge mouillé il s'opère à l'intérieur du vase

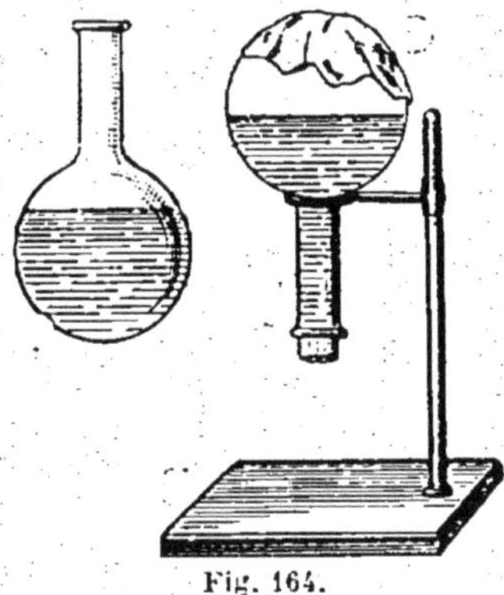

Fig. 164.

une condensation, par suite un vide partiel, qui détermine une brusque ébullition de la masse liquide (fig. 164).

Chauffage de l'eau en vase clos. — Le chauffage de l'eau en vase clos est l'expérience contraire de la précédente ; une

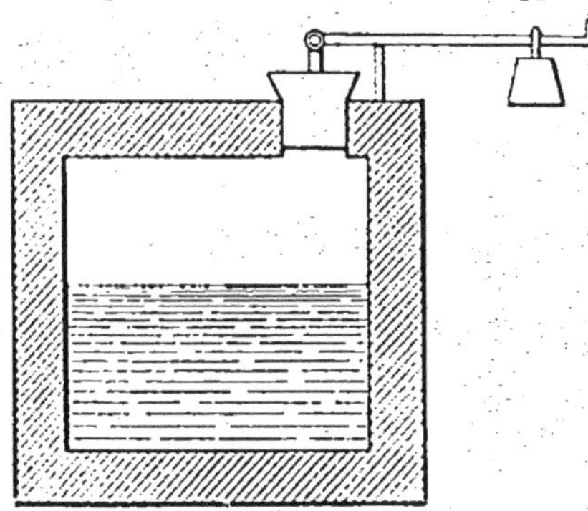

Fig. 165.

expérience des plus importantes puisqu'elle fut le principe des chaudières à vapeur, est celle de la marmite de Papin.

Ayant entrevu la possibilité de retarder l'ébullition des

liquides par une augmentation de pression, Papin imagina une marmite hermétiquement close et munie d'une soupape qui pouvait mesurer la pression de la vapeur. (Il suffisait de graduer le levier et de placer le contrepoids de façon que la soupape se soulage) (fig. 165).

Dans ces conditions, on pouvait élever considérablement la température de l'eau sans provoquer l'ébullition.

Nos chaudières actuelles, marmites de Papin perfectionnées, permettent d'obtenir sans ébullition plus de 20 kilogrammes de pression, correspondant à plus de 200 degrés.

Influence de la nature des parois des récipients sur l'ébullition des liquides qu'ils renferment. — La nature des parois a une grande influence sur le point d'ébullition des liquides. Un liquide bout d'autant mieux que les parois sont moins lisses, les aspérités étant autant de points permettant le dégagement des bulles.

On remarque en particulier dans les machines qu'une chaudière neuve ou bien décapée donne lieu, la plupart du temps, à des ébullitions au début de sa mise en fonction, dans le cas général où elle est alimentée à l'eau douce. Le phénomène est plus apparent encore avec les bouilleurs.

Il est dû à ce que toute la vaporisation se concentre sur quelques points seulement du récipient.

Pour éviter cet inconvénient, les mécaniciens alimentent pendant quelque temps leur chaudière à l'eau de mer. Une mince couche de sel se dépose alors sur les parois et augmente suffisamment les centres de vaporisation pour régulariser cette dernière.

L'ébullition n'étant qu'une vaporisation dans des conditions spéciales est elle-même favorisée par une paroi rugueuse.

Influence sur l'ébullition des substances en dissolution dans un liquide. — Les substances en dissolution dans les liquides retardent généralement le point d'ébullition. C'est ainsi que l'eau de mer, au lieu de bouillir à 100 degrés sous la pression de 760 millimètres, ne bout qu'à environ 104 ou 105°.

Lorsqu'elle est saturée de sel marin elle ne bout pas avant 109 degrés.

Influence de l'air sur l'ébullition. — Les lois de l'ébullition ne sont vraies qu'à condition qu'au contact du liquide se trouvent des bulles d'air, attachées le plus souvent aux parois de la chaudière.

Dans le cas où l'on se trouve en présence d'un liquide privé d'air, le point d'ébullition normal peut être notablement dépassé sans que se produise l'ébullition. Ainsi, pour l'eau on a pu monter jusqu'à 120°.

Une simple gouttelette d'eau suffit d'ailleurs à provoquer l'ébullition, tandis que la température retombe à la valeur qu'elle a lors d'une ébullition normale.

Expérience de Gernez. — Au fur et à mesure que se prolonge l'ébullition d'un liquide, les bulles de vapeur deviennent de plus en plus rares et ne se forment plus que sur des points particuliers de la paroi.

Si l'on cesse de chauffer, l'ébullition s'arrête et cependant, la température du liquide est encore, à cet instant, celle de son point d'ébullition.

Introduisons une bulle d'air dans le liquide. Sans qu'on ait besoin de chauffer, il y a vaporisation et formation, dans cette bulle, d'un mélange d'air et de vapeur d'eau.

On peut donc dire que la présence de bulles d'air est en pratique nécessaire à l'ébullition ; elles jouent en quelque sorte un rôle de régulateur ; elles s'opposent au phénomène de surchauffe du liquide au-dessus de la température normale d'ébullition et favorisent la production des globules de vapeur.

Dans l'ébullition continue, la formation de ces globules de vapeur est en quelque sorte limitée aux points des surfaces de chauffe où se trouvent des bulles d'air, et l'on conçoit que la présence, sur les tôles d'une chaudière, de ces bulles d'air, en plus ou moins grande quantité, ait une influence non seulement sur le régime de l'ébullition et sur le volume des globules de vapeur, mais aussi sur la puissance même de vaporisation de la chaudière.

Cette théorie est d'ailleurs pleinement confirmée en pratique par les résultats obtenus en employant le procédé inventé par M. Paul Bez et connu dans l'industrie et la Marine sous le nom de « Le William's ».

Indépendamment de son action bien connue sur la propreté des tôles, ce procédé améliore la vaporisation en assurant l'apport sur les surfaces de chauffe de bulles d'air amenées par les eaux d'alimentation. Les particules floconneuses créées par le William's dans la masse liquide, se chargent en effet de bulles d'air qui se sont dégagées, et dans leur mouvement constant de circulation avec les courants, les amènent au contact des tôles. Le résultat est d'étendre l'ébullition à toute la surface de chauffe, de réduire le volume des globules de vapeur, de supprimer les entraînements d'eau et de donner une vapeur plus sèche.

En outre, la puissance de vaporisation est accrue dans de grandes proportions et le rendement est augmenté ; dans certaines applications, il a été possible, avec ce procédé, d'obtenir un supplément de 50 p. 100 et au-delà dans la production de la vapeur, tout en conservant un rendement maximum.

Théorie élémentaire de l'ébullition. — Soit une bulle d'air B saturée de vapeur de volume V prise au sein d'un liquide (fig. 166).

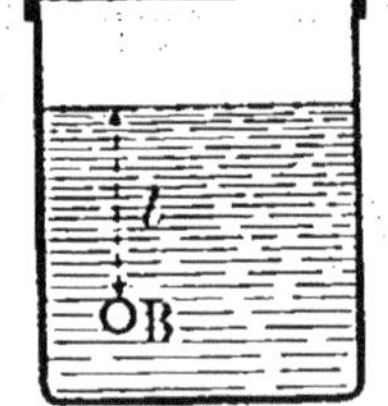

Fig. 166.

Soit *h* la pression effective de la bulle, c'est-à-dire sa pression absolue diminuée de la pression absolue de la vapeur.

La bulle ne peut se dégager qu'à condition que sa pression absolue soit égale à la tension de la vapeur augmentée du poids d'ailleurs négligeable en pratique de la colonne liquide qui la surmonte. Autrement dit, sa pression effective doit être nulle.

Soit t la température de la bulle, cette température correspondant par suite à sa tension. L'équation des gaz parfaits donne

$$V_0 H_0 = \frac{Vh}{1 + \alpha t}$$

d'où
$$V = \frac{V_0 H_0 (1 + \alpha t)}{h}$$

Quand la pression absolue de la bulle d'air est égale à celle de la vapeur, on a :

$$h = 0, \text{ d'où } V = \infty.$$

Ceci explique bien pourquoi une bulle d'air de très faible volume peut, au moment de l'ébullition, donner naissance à de nombreuses bulles. Or, puisque la tension d'une vapeur est d'autant plus grande que sa température est elle-même plus grande, on conçoit que, dans une chaudière par exemple, ce soit sur les parois correspondant aux surfaces de chauffe que la température est maximum ; les bulles formées se dégagent en allant vers les parties plus froides de l'eau, donnant ainsi naissance à des courants continuels dans la masse liquide. Lorsqu'elles atteignent des parties liquides trop froides pour qu'à cette température elles puissent surmonter la pression ambiante, elles se condensent avec un bruit particulier qu'on nomme *chant du liquide*.

Etat sphéroïdal et caléfaction (fig. 167). — Jetons sur une plaque métallique portée à une assez haute température

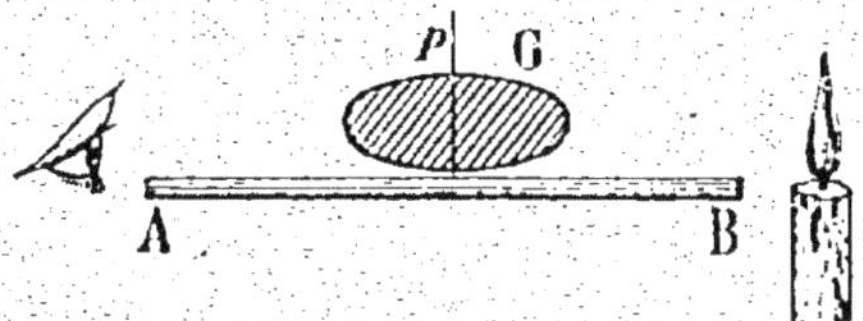

Fig. 167.

un peu d'eau. On voit aussitôt l'eau se diviser en globules pouvant être assez gros, animés d'un mouvement de rotation, diminuant peu à peu de volume; ces globules se résolvent brusquement en vapeur, lorsque la température de la plaque atteint une valeur déterminée pour chaque liquide. Ce qui est vrai pour l'eau, l'est également pour d'autres liquides.

L'état particulier de ces liquides porte le nom d'*état sphéroïdal* et le phénomène qui lui donne naissance, celui de *caléfaction*.

Cet état des liquides, qui est une exception apparente aux lois de l'ébullition a été étudié vers 1840 par M. Bouligny et plus récemment par M. Gossart.

Ces savants se sont rendu compte des particularités suivantes.

1° *Le liquide n'est pas en contact avec la surface chauffée pendant tout le temps qu'il conserve sa forme arrondie.*

On s'en rend compte de la façon suivante : soit G un globule soumis à l'état sphéroïdal sur la plaque AB. (L'expérience sera avantageusement faite en se servant d'eau noircie à l'encre.)

Mettons une lumière en B et regardons en A la partie inférieure du globule, on aperçoit nettement la lumière.

Il est facile de maintenir fixe la petite masse liquide au moyen d'un fil fin de platine *p*.

2° *La température du liquide est inférieure à celle de son point d'ébullition pendant toute la durée du phénomène.*

On le constate en plaçant dans le globule le réservoir d'un petit thermomètre, opération d'ailleurs relativement facile, puisque l'on a pu donner lieu à formation de globules pesant jusqu'à 500 grammes environ.

Théorie de la caléfaction. — Le liquide caléfié est maintenu à distance de la plaque, chauffé par sa propre vapeur soumise à une tension notablement supérieure à la pression résultant du poids du globule. Cette vapeur est produite par la surface chauffée et en se dégageant par côté, elle imprime au liquide les mouvements irréguliers auxquels il est soumis.

La température du liquide ne peut d'ailleurs s'élever que par rayonnement puisqu'il n'y a pas contact.

Lorsque la température de la plaque s'abaisse assez pour que la tension des vapeurs émises ne puisse plus contrebalancer le poids du globule, celui-ci vient au contact de la surface chaude où il est rapidement vaporisé.

Caléfaction dans les chaudières. — Le phénomène de la caléfaction est à redouter dans les chaudières. Supposons un dépôt calcaire adhérent à une paroi d'une chaudière et très mauvais conducteur de la chaleur. La tôle est chauffée à haute température mais la chaleur ne pouvant plus se transmettre à l'eau de la chaudière, la tôle rougit. Le coefficient de dilatation de la tôle étant notablement supérieur à celui du dépôt (sulfate ou carbonate de chaux) le dépôt peut se détacher de la tôle.

L'eau ne se met pas de suite en contact avec la paroi mise à nu ; elle prend à cet endroit l'état sphéroïdal ; puis, lorsque la température de la tôle s'abaissera (par simple conductibilité par exemple) le phénomène de caléfaction cessera donnant lieu à une brusque formation de vapeur. Celle-ci peut être telle qu'il y ait instantanément excès de pression et explosion.

CHAPITRE XVII

HYGROMÉTRIE

L'hygrométrie a pour but l'étude de la détermination du degré d'humidité de l'atmosphère.

Elle a donc dans les machines et ateliers en particulier une importance considérable au point de vue de l'hygiène du personnel ; l'humidité de l'air en effet devient, lorsqu'elle atteint un certain degré, fort préjudiciable à la santé des gens vivant dans ce milieu.

D'une façon générale il y a dans l'atmosphère de la vapeur d'eau. L'air froid peut être humide avec peu de vapeur et l'air chaud peut être sec avec beaucoup de vapeur.

Cela ressort des phénomènes de la vaporisation que nous avons étudiés plus haut.

L'air cependant peut sembler moins humide l'été que l'hiver.

C'est qu'en effet le degré d'humidité de l'air dépend encore de la tension de la vapeur qu'il contient.

Il est bien évident par exemple que lorqu'on chauffe un local fermé on ne diminue pas la quantité de vapeur qu'il contient mais cependant le local s'assèche ; c'est que la vapeur s'est échauffée, s'éloignant ainsi de son point de saturation.

Etat hygrométrique. — On appelle état hygrométrique de l'air le rapport qui existe entre la force élastique f de la vapeur et la force élastique maxima F de cette vapeur à la même température. Soit $\frac{f}{F}$ cet état hygrométrique.

On voit donc que si l'air était saturé de vapeur d'eau on aurait

$$f = F \text{ et } \frac{f}{F} = 1.$$

C'est en même temps, en vertu des lois de Mariotte et de Gay-Lussac, le rapport des poids contenus dans un volume d'air et le même volume saturé à cette température.

Dans le rapport précédent F est toujours connu. Il n'y a qu'à consulter les tables. Pour déterminer f on a été obligé d'imaginer des instruments portant le nom d'hygromètres et psychromètres.

Nous allons étudier les différents systèmes parmi les plus employés.

Hygromètre chimique. — Cet appareil permet de déterminer la masse m de la vapeur d'eau contenue dans un volume d'air connu.

En désignant par f la tension de cette vapeur en millimètres on a alors l'équation suivante (*formule générale trouvée plus haut pour la détermination de la masse d'un gaz ou d'une vapeur*) en se rappelant que la densité de la vapeur d'eau est 5/8 ou 0,622.

$$m = v \times 0{,}622 \times 0{,}001293 \times \frac{f}{760} \times \frac{1}{1 + \alpha t}$$

L'appareil se compose d'un aspirateur A pouvant être mis par la partie inférieure et au moyen d'un robinet R en communication avec un vase V (fig. 168).

L'aspirateur est terminé par un tuyau qui plonge constamment dans le vase V plein d'eau.

Par la partie supérieure, A communique d'une façon étanche avec une série de tubes en U contenant des matières desséchantes (généralement de la pierre ponce imbibée d'acide sulfurique ou de potasse caustique). Le dernier tube communique avec l'air libre.

Un thermomètre t indique la température intérieure de l'aspirateur.

Fonctionnement. — La communication des tubes et de l'aspirateur est interceptée grâce au robinet R' et l'on place dans ces divers tubes un poids connu de matières desséchantes. Puis au moyen de l'entonnoir B muni d'un bouchon à vis, on

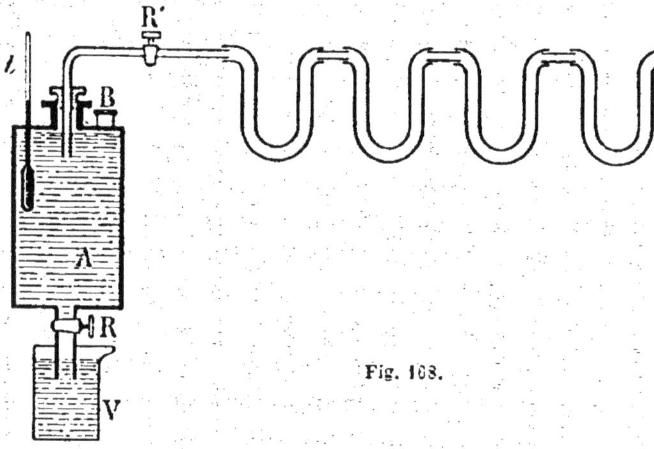

Fig. 163.

fait le plein d'eau de l'aspirateur et l'on ferme. On ouvre R' puis R de façon que l'eau s'écoule peu à peu dans V, qui luimême se vide au fur et à mesure. Tandis que A se vide, un appel d'air se produit à travers les tubes en u, et cet air, au contact de la pierre ponce, abandonne son humidité.

Lorsque l'aspirateur est vide, on repèse les matières desséchantes dont la masse s'est accrue de celle de la vapeur d'eau contenue dans l'air aspiré. Soit m cette masse. Le volume v se déduit du volume de l'eau écoulée.

Détermination de v. — Soit v' le volume de l'eau écoulée. L'air avant son introduction dans l'aspirateur avait le volume v cherché à la tension $H - f$ (f étant la tension de la vapeur d'eau à la température t de l'air atmosphérique). Après son contact avec l'eau de l'aspiration cet air s'est saturé de vapeur d'eau et refroidi jusqu'à la température t' et a pris par conséquent la tension $H - F$ (F étant la tension maxima de la vapeur d'eau à la température t' indiquée au thermomètre de l'aspirateur à la fin de l'expérience).

L'équation des gaz parfaits nous permet donc d'écrire :

$$\frac{v'(H - F)}{1 + \alpha t'} = \frac{v(H - f)}{1 + \alpha t}$$

d'où

$$v = v' \times \frac{H - F}{H - f} \times \frac{1 + \alpha t}{1 + \alpha t'}$$

En fonction de v', volume de l'eau écoulée, on peut donc écrire l'équation

$$m = v' \times 0{,}622 \times 0{,}001293 \times \frac{H - F}{H - f} \times \frac{f}{760} \times \frac{1}{1 + \alpha t'}$$

équation dont on peut tirer f facilement ; F est fournie par les tables de Regnault.

Hygromètre à cheveu. — Cet hygromètre a été imaginé par Saussure. Sans être d'une grande précision il est suffisamment exact dans la pratique (fig. 169).

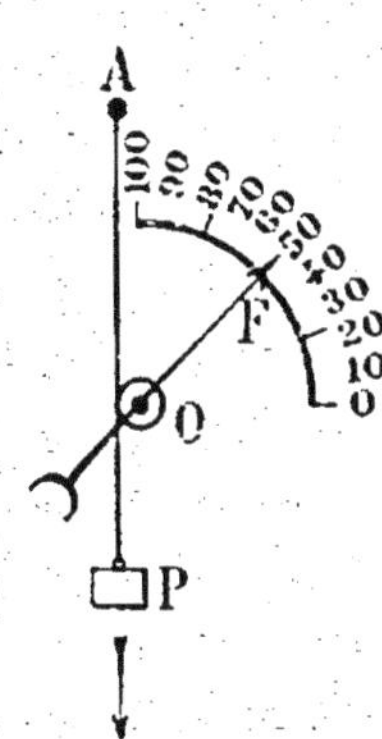

Fig. 169.

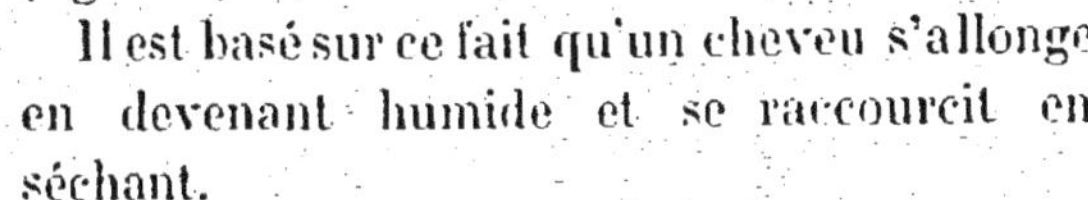

Il est basé sur ce fait qu'un cheveu s'allonge en devenant humide et se raccourcit en séchant.

Soit donc un cheveu suspendu à un axe A, s'enroulant autour d'une poulie fixe O et terminé par un poids P. Sur l'axe de la poulie et solidairement est fixée une aiguille F pouvant se déplacer sur un cadran gradué.

Quand le cheveu s'allonge, le poids P descend et l'aiguille se déplace vers la gauche : l'inverse se produit si le cheveu se raccourcit.

On conçoit donc qu'en graduant le cadran par comparaison avec l'hygromètre chimique par exemple, on pourra connaître facilement l'état hygrométrique de l'air.

L'appareil est plus exact si, au lieu d'un seul cheveu, on utilise un faisceau de cheveux tressés.

Hygromètre enregistreur. — L'hygromètre enregistreur Richard est basé sur ce principe (fig. 170).

Un faisceau de cheveux est fixé par ses extrémités aux deux points fixes *a* et *b* et par son milieu *c* à l'extrémité A d'un levier

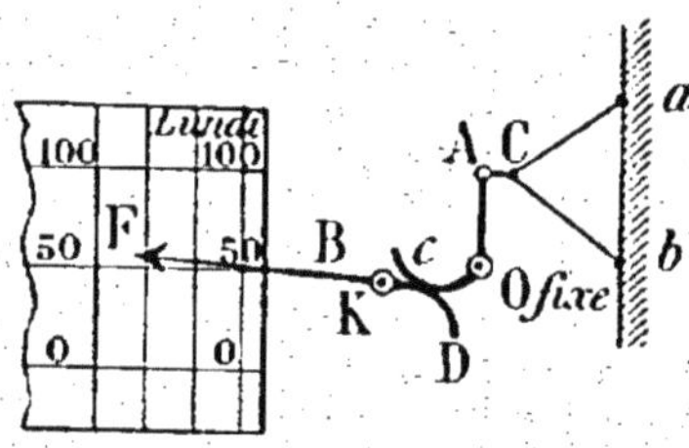

Fig. 170.

AOC mobile autour de l'axe O. Le bras OC est une came qui, dans son mouvement de rotation, dû aux variations de longueur des cheveux, appuie sur une autre came CD formant le petit bras DK d'un levier ; le grand bras KF est une aiguille se déplaçant sur un tambour à rotation uniforme sensiblement semblable à ceux des baromètres, thermomètres et manomètres déjà étudiés.

Hygromètres à condensation. — Si l'on refroidit à pression constante un mélange d'air et de vapeur d'eau non saturante de poids déterminé, la tension de la vapeur reste aussi constante.

Si, en effet, l'on prend deux volumes V et V' du mélange aux températures *t* et *t'* on peut écrire :

$$\frac{VH}{1+\alpha t}=\frac{V'H}{1+\alpha t'}, \quad \text{ou} \quad \frac{V}{1+\alpha t}=\frac{V'}{1+\alpha t'}$$

En considérant seulement la vapeur dont le volume est le même que le volume total, on pourrait écrire si h et h' sont les tensions correspondantes

$$\frac{V}{1+\alpha t}=\frac{V}{1+\alpha t'}$$

par suite on doit bien avoir $h=h'$, puisque $\frac{Vh}{1+\alpha t}=\frac{Vh'}{1+\alpha t'}$.

Si donc l'on refroidit progressivement un corps placé dans une atmosphère d'air et de vapeur non saturée, l'air en contact avec le corps se refroidit peu à peu. Or la pression totale ne varie pas, puisqu'elle fait toujours équilibre à la pression atmosphérique; donc, il en est de même pour la tension de la vapeur d'eau.

Par conséquent, la tension de cette vapeur ne variant pas et sa température diminuant il arrivera un moment où cette vapeur sera saturante.

La température du corps à ce moment porte le nom de *point de rosée*, parce que la vapeur se dépose sur le corps sous forme de rosée. Ce principe a servi de base à la construction d'un certain nombre d'appareils.

Remarque 1. — Il est facile de trouver le poids de V litres d'air à la pression H et à la température t, connaissant l'état hygrométrique $e=\frac{f}{F}$.

L'air sec est à la pression $F=H-f$ et donne lieu à l'équation.

$$p=V\times 0{,}001293\times\frac{H-f}{76}\times\frac{1}{1+\alpha t} \qquad (1)$$

La vapeur donne

$$p' = V \times \frac{5}{8} \times 0{,}001293 \times \frac{f}{76} \times \frac{1}{1+\alpha t} \qquad (2)$$

Le poids total P de l'air est alors

$$p + p' = V \times 0{,}001293 \times \frac{1}{1+\alpha t} \times \frac{1}{76}\left(H - f + \frac{5}{8}f\right)$$

$$P = V \times 0{,}001293 \times \frac{1}{1+\alpha t} \times \frac{H - \frac{3}{8}f}{76} \qquad (3)$$

ce qu'on peut encore écrire, puisque $f = eF$

$$P = V \times 0{,}001293 \times \frac{1}{1+\alpha t} \times \frac{H - \frac{3}{8}eF}{76} \qquad (4)$$

Remarque 2. — Désignons par p le poids de vapeur à la tension f contenu dans un volume V d'air à la température t. Soit P le poids de vapeur saturante pouvant être contenu à la même température dans le même volume V.

On a les deux équations.

$$p = V \times d \times 0{,}001293 \times \frac{f}{760} \times \frac{1}{1+\alpha t} \qquad (1)$$

$$P = V \times d \times 0{,}001293 \times \frac{F}{760} \times \frac{1}{1+\alpha t} \qquad (2)$$

Divisons membre à membre (1) par (2)

il vient $$\frac{p}{P} = \frac{f}{F} = e \qquad (3)$$

De là résulte la double définition donnée plus haut de l'état hygrométrique.

Applications.

Problème 1.

Quel est l'état hygrométrique quand la température de l'air est T = 17° et le point de rosée $t = 3°$.

Solution.

Les tables nous donnent pour valeur de la force élastique maxima de la vapeur d'eau à 17°, 1 cm. 44. Pour valeur de celle qui correspond à 3°, 0 cm. 569.

On a donc $$e = \frac{f}{F} = \frac{0,569}{1,44} = 0.395$$

Problème 2.

40 litres d'air contiennent 0 gr. 8 de vapeur d'eau.

Déterminer l'état hygrométrique du moment si l'on sait qu'à la même température il faudrait 30 grammes de vapeur pour saturer 1 mètre cube d'air.

Solution.

Poids de vapeur d'eau par litre

$$\frac{0,8}{40} = \frac{1}{50}$$

soit $$\frac{1000}{50} = 20 \text{ gr. par mètre cube.}$$

L'état hygrométrique est par suite

$$\frac{20}{30} = \frac{2}{3}$$

PROBLÈME 3.

Quel est le poids de vapeur d'eau contenu dans une chambre cubique de 5 mètres de côté renfermant de l'air à 28°, sous la pression de 80 centimètres et dont l'état hygrométrique est 0.50 ?

La tension maxima de la vapeur à 28° est 28 mm. 1 ; le poids du litre d'air à zéro et à la pression de 760 millimètres est 1 gr. 29.

Solution.

Le volume de la vapeur d'eau est égal à la capacité de la chambre, sa température est de 28° et sa pression est de 0.50 × 28 mm. 1. On a donc en appliquant la formule générale qui permet de calculer le poids d'un gaz ou d'une vapeur

$$p = 5^3 \times \frac{5}{8} \times 1{,}29 \times \frac{0{,}50 \times 28{,}1}{760} \times \frac{1}{1 + 28 \times \frac{1}{273}}$$

d'où en effectuant les calculs

$$p = 1 \text{ kg. } 682.$$

CHAPITRE XVIII

PROPAGATION DE LA CHALEUR

La chaleur peut se transmettre d'un corps à un autre, ou d'une partie d'un corps à une autre, de trois façons différentes :

1° Par conductibilité ; 2° par convection ; 3° par rayonnement.

Conductibilité. — La conductibilité se présente avec un caractère plus marqué dans les solides que dans les autres corps. C'est la propriété que possède un corps de transmettre sa chaleur lentement de molécule à molécule d'un point chauffé vers les autres points plus froids.

Tous les corps ne transmettent pas la chaleur par conductibilité avec la même facilité. Ainsi, supposons un creuset dans lequel se trouve un métal en fusion à la température de 500 degrés. Plongeons dans ce métal l'extrémité d'une tige de fer. Au bout de quelques instants on ne pourra plus tenir à la main l'autre extrémité de la tige. Munissons au contraire cette dernière d'un manche en bois et l'on pourra tenir le manche pendant très longtemps. On exprime ce phénomène en disant que le fer est meilleur conducteur de la chaleur que le bois.

De tous les corps ce sont les métaux qui conduisent le mieux la chaleur. Voici d'ailleurs la liste d'un certain nombre de corps groupés par ordre de conductibilité décroissante.

(1) Argent.	(11) Bismuth.
(2) Cuivre.	(12) Sel gemme.
(3) Zinc.	(13) Quartz.
(4) Or.	(14) Glace.
(5) Laiton.	(15) Marbre.
(6) Zinc.	(16) Verre.
(7) Fer.	(17) Liège.
(8) Etain.	(18) Bois de sapin.
(9) Plomb.	(19) Bois divers.
(10) Platine.	(20) Paraffine.

On peut se rendre compte facilement de la différence de conductibilité des corps au toucher. Ainsi, dans une même salle, on éprouve une sensation de froid en mettant la main sur une plaque de marbre, tandis que la sensation est à peine apparente en touchant une table de bois.

Le marbre étant meilleur conducteur que le bois, la chaleur de la main est dans le premier cas absorbée beaucoup plus rapidement que dans le second, d'où la sensation de froid produite.

On peut d'ailleurs reproduire l'expérience classique suivante, due à Ingenhouz (fig. 171).

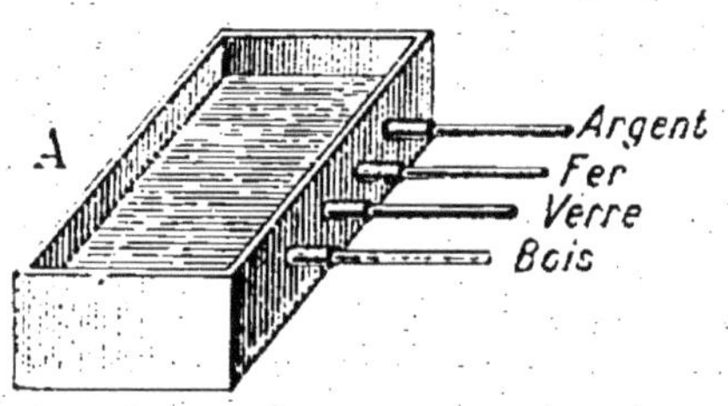

Fig. 171.

Considérons une cuvette métallique A, dans laquelle on a fixé d'une façon étanche plusieurs petites baguettes de corps différents, par exemple en argent, en fer, en verre et en bois.

Plongeons ces baguettes dans un bain de cire fondue.

En se refroidissant, la cire les enveloppe d'une gaine peu épaisse.

Versons dans le récipient de l'eau bouillante. Les baguettes s'échaufferont par conductibilité et la cire fondra en commençant par les parties en contact avec A.

On pourra alors se rendre compte que la fusion est beaucoup plus rapide sur la tige d'argent que sur la tige de fer, et que sur celle-ci elle est plus rapide que sur la tige de verre.

Sur la tige de bois la cire a à peine commencé à fondre.

Loi de Fourier. — Lorsqu'on chauffe par une de ses extrémités une barre homogène la température n'est pas la même sur toute la longueur : si les distances des sections à l'extrémité chauffée croissent en progression arithmétique, les excès des températures sur celle de l'air ambiant décroissent en progression géométrique.

Cette loi peut se vérifier expérimentalement au moyen de l'expérience suivante, due à Despretz : Chauffons par une de ses extrémités une barre AB dans laquelle on a pratiqué des cavités équidistantes qu'on remplit de mercure et dans lesquelles on place des thermomètres (fig. 172).

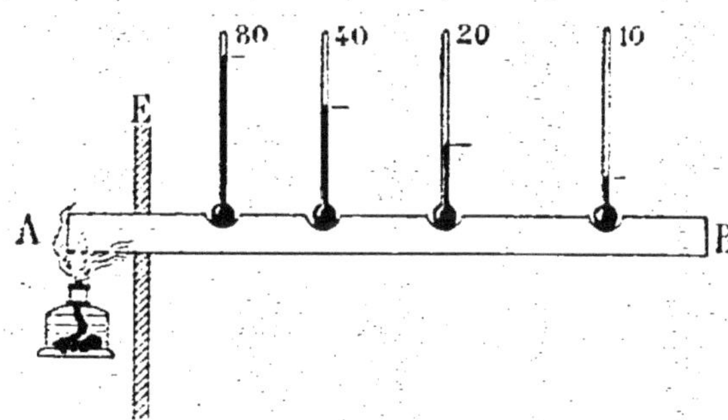

Fig. 172.

Un écran E empêche ces thermomètres de s'échauffer par rayonnement.

Supposons que l'opération se fasse à la température ambiante de 20 degrés et que les deux premiers thermomètres indiquent 100, 60. Les deux autres indiqueront 40, 30, etc., etc. Les excès de leur température sur celle de l'air sont 80, 40, 20, 10. On voit que les températures décroissent en progression géométrique de raison 1/2.

La raison est d'ailleurs variable suivant les corps.

Propriétés des toiles métalliques. Lampe de Davy. — La lampe de Davy est une lampe utilisée dans les mines pour éviter les coups de grisou. La lampe fonctionne à l'huile et est surmontée d'une cheminée en verre entourée d'une toile métallique (fig. 173).

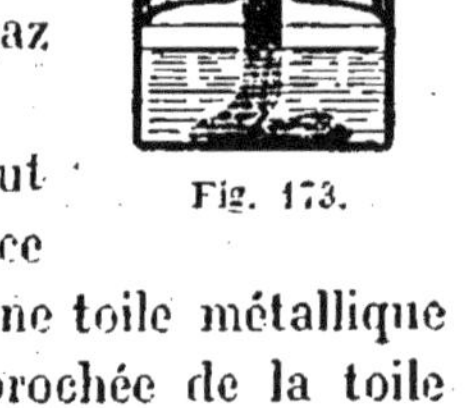

Fig. 173.

La chaleur de la lampe est absorbée par la grande surface de la toile métallique et, par suite, n'arrive en contact avec l'atmosphère ambiante que considérablement diminuée, et incapable, par suite, de produire l'inflammation du mélange d'air et de gaz qui forme le grisou.

La propriété des toiles métalliques peut d'ailleurs être mise facilement en évidence par l'expérience suivante : Soit (fig. 174) une toile métallique AB chauffée par une lampe L assez rapprochée de la toile

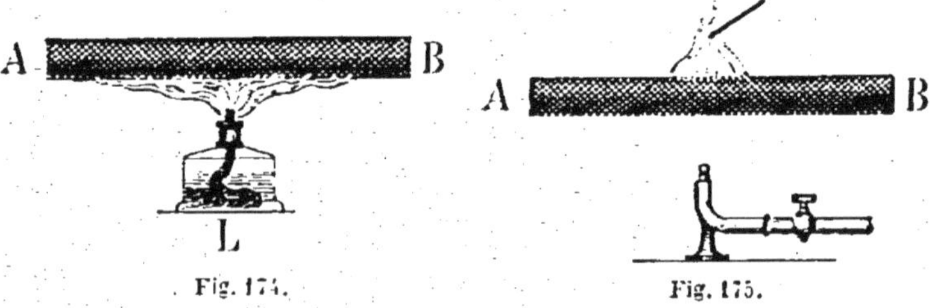

Fig. 174. Fig. 175.

pour qu'elle appuie en quelque sorte sur la flamme. Cette dernière ne passe pas à travers les mailles, mais semble s'aplatir en continuant à brûler par en dessous. Plaçons maintenant notre toile à quelques centimètres d'un bec de gaz ouvert et présentons une allumette au-dessus de la toile. Le gaz s'allume, seulement à la partie extérieure de la toile et non entre cette dernière et le bec (fig. 175).

Conductibilité des liquides et des gaz. — Les liquides et les gaz sont très mauvais conducteurs de la chaleur. Celle-ci ne se transmet à peu près dans ces corps que par convection.

Prenons par exemple un vase A dans lequel se trouve de

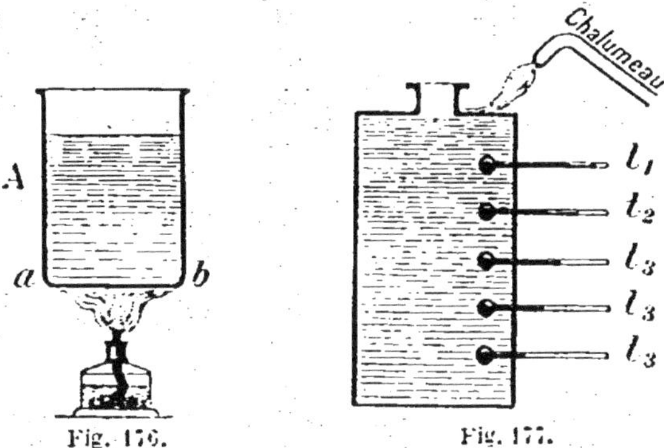

Fig. 176. Fig. 177.

l'eau et chauffons le récipient (fig. 176). Les parties en contact avec le fond *ab* vont s'échauffer tout d'abord. Mais dès qu'une molécule liquide s'est échauffée, sa densité diminue, et par suite, cette molécule remonte vers la partie supérieure du liquide, en cédant à la masse liquide une partie de la chaleur qu'elle a acquise. En même temps qu'elle se déplace, elle est d'ailleurs remplacée par une nouvelle molécule moins chaude. Ce mouvement continuel des molécules est ce qu'on appelle la *convection* et, dans ces conditions, l'on conçoit que toute la masse puisse s'échauffer d'une façon relativement rapide.

Pratiquement, on peut se rendre compte de la différence de température d'une masse liquide non soumise à la convection, en la chauffant par la partie supérieure (fig. 177).

L'eau peut alors bouillir sans que les thermomètres t_3 aient sensiblement augmenté de température. En effet, dans ce cas, les molécules ne peuvent plus s'élever puisque les plus chaudes d'entre elles se trouvent naturellement placées au-dessus des autres.

Le liquide ne s'échauffe donc que par conductibilité et l'on peut se rendre compte qu'il obéit à la loi de Fourier. On peut d'ailleurs attacher dans le fond du vase un morceau de glace, et ce n'est qu'après un temps très long que la partie supérieure du liquide étant portée à l'ébullition, le glaçon finira par fondre.

Les gaz se conduisent pour la propagation de la chaleur d'une manière analogue aux liquides.

L'air en particulier est très mauvais conducteur de la chaleur ; c'est pourquoi on entoure les cylindres et tuyautages à vapeur de revêtements en laiton, en amiante ou en bois, de façon que l'air emprisonné entre ces enveloppes et le réservoir de vapeur ne transmette que fort difficilement la chaleur.

Le bois et l'amiante contribuent d'ailleurs, par leur peu de conductibilité, à éviter la déperdition de la chaleur, ce qui leur a valu le nom de *matières calorifuges.*

Enfin le rôle des enveloppes en laiton bien poli empêche la déperdition de la chaleur par *rayonnement.*

Rayonnement de la chaleur. — Quand nous plaçons la main à une certaine distance d'un brasier nous éprouvons une sensation de chaleur (fig. 178).

Cependant l'air n'est pas conducteur de la chaleur.

D'autre part, cette chaleur ne se transmet pas non plus par convection, la température de cet air n'étant pas suffisante pour provoquer la sensation de chaleur éprouvée. Cette dernière, dans ce cas d'ailleurs, se ferait aussi bien sentir sur l'extérieur de la main que sur l'intérieur. Or il n'en est rien. C'est donc que cette chaleur s'est transmise d'une autre manière, qu'on nomme *rayonnement.* La chaleur du soleil situé à 38 millions de lieues de la terre arrive jusqu'à nous par rayonnement, après avoir traversé des espaces planétaires qui se trouvent à une température extrêmement basse.

La faculté pour un corps d'émettre par rayonnement de la chaleur se nomme *pouvoir émissif* du corps.

Fig. 178.

Ce sont les corps solides qui ont le plus grand pouvoir émissif.

Chaleur lumineuse et chaleur obscure. — La chaleur que rayonnent les corps est lumineuse ou obscure.

Ainsi la chaleur rayonnée par un morceau de charbon en ignition est lumineuse.

Au contraire, celle qui est rayonnée par un collecteur de vapeur par exemple, chaleur qui peut être plus considérable que la précédente, est de la chaleur obscure.

Corps athermanes et corps diathermanes. — On appelle corps diathermane un corps qui se laisse traverser par la chaleur rayonnante et corps athermane un corps qui ne se laisse pas traverser par cette chaleur.

Un corps peut être athermane pour la chaleur lumineuse et diathermane pour la chaleur obscure ; inversement, d'ailleurs.

Ainsi un carreau de vitre laisse parfaitement bien pénétrer la chaleur solaire mais il arrête la chaleur obscure émise par exemple par un poêle fermé.

L'air est diathermane pour la chaleur lumineuse et athermane pour la chaleur obscure, nous l'avons déjà vu.

Pouvoir absorbant. — On nomme pouvoir absorbant d'un corps la faculté que possède ce corps de s'échauffer au moyen de la chaleur rayonnante.

Propagation de la chaleur. — Principe : *Dans un milieu homogène, la chaleur se propage en ligne droite.*

Soit, en effet, une source de chaleur S assez intense et un certain nombre d'écrans E, E', E''... percés de trous O, O', O''.

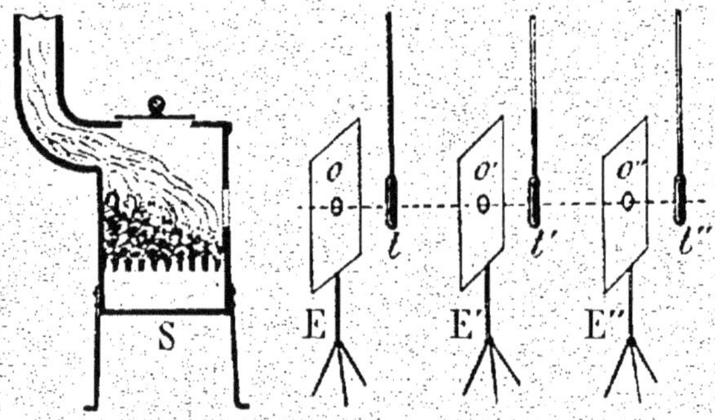

Fig. 179.

Plaçons ces écrans de façon que les trous O, O', O'' se trouvent en ligne droite et en face de chacun de ces trous plaçons les réservoirs des thermomètres t, t', t'' (fig. 179).

Au bout de quelque temps ces thermomètres marqueront le même nombre de degrés.

Si nous déplaçons l'un de ces thermomètres de façon qu'il reste derrière l'écran mais non plus en face de l'ouverture, ce thermomètre baissera rapidement pour s'arrêter au degré correspondant à la température propre de l'air ambiant.

Réflexion, réfraction, diffusion et absorption de la chaleur. — Lorsque de la chaleur rayonnante rencontre la surface de séparation de deux milieux, une partie est renvoyée dans une direction bien déterminée vers le milieu d'où elle vient. On dit que cette chaleur est *réfléchie*.

Une autre partie pénètre dans certains cas à travers le nouveau milieu, on la nomme *réfractée*.

Une troisième partie est renvoyée dans n'importe quel sens vers le milieu initial par les rugosités de la surface de contact. C'est la chaleur *diffusée*.

Enfin une quantité de chaleur nommée chaleur *absorbée* est en effet absorbée dans certains corps par le nouveau milieu.

Remarque. — La lumière donne lieu à des considérations identiques. Ces observations ont, dans ce dernier cas, reçu dans les machines une application importante : montures de niveau à glaces striées.

Rayon incident. — On appelle ainsi le rayon de chaleur AB partant de la source pour rencontrer la surface MN (fig. 188).

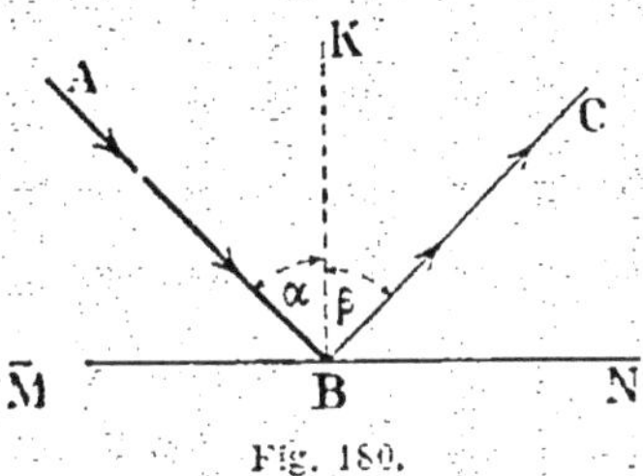

Fig. 189.

Rayon réfléchi. — C'est le rayon BC suivant lequel se réfléchit la chaleur.

Angle d'incidence. Angle de réflexion. — L'angle d'incidence est l'angle α que fait le rayon d'incidence avec la normale à la surface MN.

L'angle de réflexion est l'angle β de la normale avec le rayon de réflexion.

Lois de la réflexion. — *Première loi.* — Le rayon incident, le rayon réfléchi et la normale à la surface au point de contact des rayons, sont dans un même plan.

Deuxième loi. — L'angle d'incidence est égal à l'angle de réflexion. Ces lois sont les mêmes que celles de la réflexion des corps élastiques (problèmes de la bille de billard sur une bande : premier livre de géométrie) et que celles de la lumière.

Diffusion de la chaleur. — Lorsque plusieurs rayons de chaleur frappent simultanément une surface rugueuse, chaque rayon subit au point de contact une réflexion suivant les lois précédentes ; cette réflexion varie donc pour les divers rayons avec toutes les aspérités qui sont des surfaces minuscules différentes.

Ceci explique pourquoi on polit les enveloppes de laiton des cylindres et tuyaux de vapeur dont nous avons parlé plus haut.

Les corps polis en effet, n'ayant que peu d'aspérités, diffusent très peu la chaleur.

Remarque. — Toutes les lois précédentes s'appliquent, nous l'avons déjà dit, à la lumière. Elles appartiennent d'ailleurs à une branche spéciale de la physique qu'on nomme l'optique. Nous en avons dit ici quelques mots en raison de la grande importance qu'elles ont dans les machines.

CHAPITRE XIX

NOTIONS SUR L'ÉQUIVALENCE MÉCANIQUE DE LA CHALEUR

Principe I. — *Le frottement de deux corps l'un sur l'autre produit de la chaleur.* C'est ce qui se passe par exemple dans les machines lorsqu'on n'a pas laissé suffisamment de jeu à deux articulations.

Au bout d'un certain temps de marche, les pièces s'échauffent, peuvent rougir et même fondre lorsqu'il s'agit de bronze ou d'antifriction.

Davy a fait à ce sujet une expérience fort intéressante. En frottant l'un contre l'autre deux morceaux de glace, il a pu les fondre dans une atmosphère inférieure à zéro degré.

Principe II. — *Le choc de deux corps l'un contre l'autre produit de la chaleur.* Ce fait se remarque encore dans les machines avec des articulations insuffisamment serrées.

Les pièces dans ces conditions s'échauffent, quoique moins rapidement que dans le cas précédent. Dans les exercices de tir sur des plaques de blindage, les obus rougissent au moment du choc.

Principe III. — *La chaleur mise en jeu équivaut à une quantité de travail bien déterminée.*

1 grande calorie équivaut à 425 kilogrammètres.

Ce nombre n'est pas tout à fait exact en raison de l'imperfection des méthodes employées, mais quoiqu'on ait fait varier ces dernières, c'est toujours un nombre compris entre 425 et 426 qui a été retrouvé.

Inversement, 1 kilogrammètre équivaut à $\frac{1}{425}$ de grande calorie.

Equivalent mécanique CGS. — Une petite calorie équivaut à 0 kgm. 425, soit à $9{,}81 \times 0{,}425 = 4$ joules 17.

Inversement, une joule équivaut à $\frac{1}{4.17} = 0$ cal. 24.

Expérience de Joule. — Joule est le premier qui ait déterminé expérimentalement l'équivalent mécanique de la calorie.

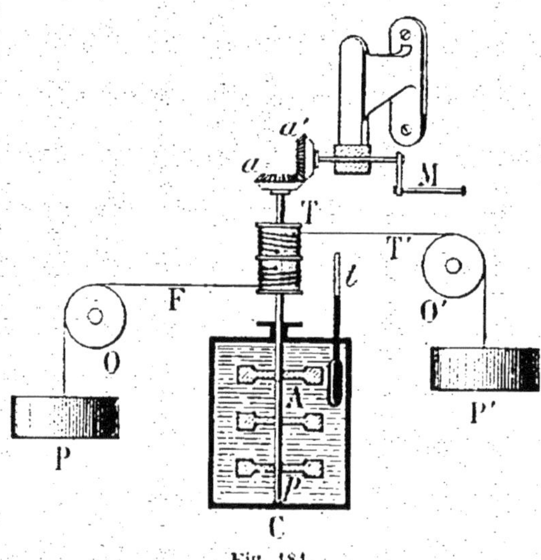

Fig. 181.

L'expérience de Joule peut se refaire facilement de la façon suivante (fig. 181) :

Dans un calorimètre C, fixons un agitateur à ailettes A, fixé sur un arbre vertical tournant sur le pivot *p*.

Sur cet arbre est claveté un tambour T, solidaire d'une roue d'angle a et sur lequel s'enroulent deux brins F F' portant à leurs extrémités les poids égaux P P', et passant sur les poulies de renvoi OO'.

L'enroulement des brins se fait de telle sorte que leurs poids fassent toujours tourner dans le même sens le tambour T. La roue d'angle a peut à volonté s'engrener avec une roue a' mobile sur l'arbre à manivelle M.

Au début de l'expérience, les brins sont enroulés ; T est claveté sur l'arbre et a' n'est pas engrenée.

Les poids en tombant font tourner les palettes.

Après la chute, on engrène a et a', on rend fou le tambour T et au moyen de la manivelle M on remonte les poids. Puis on remet les choses comme précédemment, la chute recommence et l'on continue l'expérience jusqu'à ce que l'eau soit suffisamment échauffée.

Supposons n chutes.

La masse mise en jeu est alors $2Pn$. Si h est la hauteur de chute, le travail développé est

$$2Pnh \text{ kilogrammètres.}$$

Le thermomètre t indique l'élévation de température $(\theta - \theta')$.

Si M est la masse en eau du calorimètre et de l'eau on a une quantité de chaleur $M(\theta - \theta')$.
donc

$$1 \text{ calorie} = \frac{2Pnh}{M(\theta - \theta')}$$

Le calcul donne environ 425 kgm.

Remarque. — Il y a évidemment dans l'expérience précédente plusieurs sources d'erreur dues non seulement à l'imperfection des appareils, mais aussi à ce qu'une certaine quantité du travail produit se transforme probablement en électricité.

Méthodes de Hirn. — *Première méthode.* — Hirn a calculé la quantité de chaleur contenue dans un poids déterminé de vapeur. Cette vapeur alimentait une machine à vapeur et était récupérée dans un condenseur. On calculait le travail produit au moyen de courbes d'indicateur.

La chaleur mise en jeu était égale à la quantité de chaleur de la vapeur diminuée de celle de l'eau de condensation.

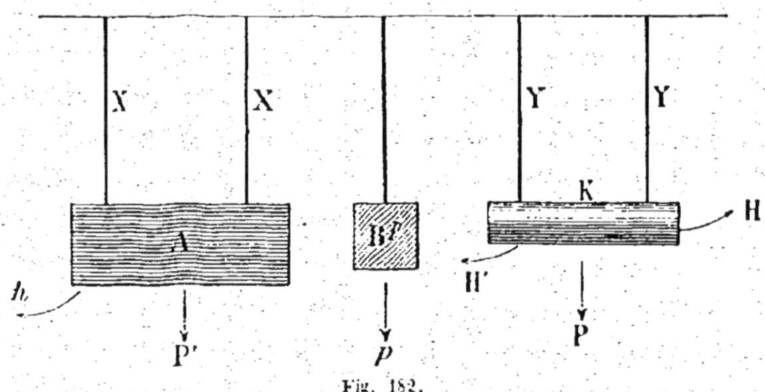

Fig. 182.

Cette dernière était évidemment calculée en tenant compte de la chaleur emportée par l'eau réfrigérante.

Hirn trouva encore dans ce cas qu'une calorie équivalait à peu près à 425 kilogrammètres.

Il y a dans cette expérience des erreurs inévitables dues à la perte de chaleur par rayonnement, qu'il est difficile d'éviter dans une machine.

Deuxième méthode (fig. 182). — Soit A une enclume en pierre de poids P'. Cette enclume est garnie d'une lame de plomb de poids négligeable.

Soit encore B, une masse cubique de plomb de poids *p*, et K un arbre cylindrique de poids P.

L'enclume et l'arbre, grâce aux tiges égales X et Y, ne peuvent que s'élever horizontalement.

On soulève l'arbre de la hauteur H et on le laisse retomber. Il soulève l'enclume A et le poids p à la hauteur h.

Le bloc K rebondit à la hauteur H' et le travail communiqué est P (H — H').

Le bloc A étant monté à la hauteur h ainsi que le plomb, on fait un travail $(P' + p)\ h$ + travail de l'échauffement du plomb (soit C calories).

Donc :

$$P\,(H - H') = (P' + p)\,h + C.$$

d'où

$$C = P\,(H - H') - (P' + p)\,h.$$

Pour n chocs on aurait $nC = nP\,(H - H') + n\,(P' + p)\,h$. nC s'obtient facilement en plongeant le bloc dans l'eau d'un calorimètre.

La seconde partie de l'égalité donne un certain nombre de kilogrammètres. Dans ce cas on trouve encore que 1 calorie équivaut à 425 kilogrammètres.

Méthode du frein. — Imaginons un moteur à vapeur pouvant développer sur l'arbre un travail T mesuré au frein de Prony.

On a donc par seconde un travail égal à

75 T kilogrammètres.

Imaginons en outre que le frein lui-même transforme la puissance absorbée en chaleur, pouvant être mesurée. Soit Q le nombre de calories trouvées.

Le rapport $\frac{75T}{Q}$ donnera l'équivalent mécanique de la calorie.

Méthode électrique. — Plongeons dans un calorimètre un fil conducteur de l'électricité et très résistant. Faisons traverser le fil par un courant électrique. La chaleur développée dans le fil échauffera l'eau.

On peut mesurer la quantité de chaleur Q produite par seconde dans ces conditions.

Le travail est égal, d'après la loi de Joule, à

$$\text{DI joules ou } 0{,}102 \text{ DI kilogrammètres.}$$

Les quantités D et I se mesurent facilement avec un voltmètre et un ampèremètre ; on a donc encore ici

$$\frac{0{,}102\text{DI}}{\text{Q}} \text{ pour équivalent mécanique de la chaleur.}$$

On trouve encore 425.

Application. — Dans son mémoire sur l'équivalent mécanique de la chaleur, le physicien Joule a pris comme unité de travail le travail accompli par un poids d'une livre tombant d'une hauteur d'un pied à Manchester. Comme quantité de chaleur il a pris la quantité de chaleur nécessaire pour élever d'un degré Fahrenheit une livre d'eau.

Sachant que la valeur de l'équivalent mécanique de la chaleur dans le système CGS est $4{,}17 \times 10^7$, on demande quel est le nombre trouvé par Joule.

Le pied vaut 30,5 centimètres. L'intensité de la pesanteur à Manchester est égale à 9 m. 8117.

Le degré Fahrenheit vaut $\frac{5}{9}$ de degré centigrade.

Solution

Ramenons toutes les unités choisies au système CGS.

1 livre vaut 500 grammes ou

$$500 \times 981{,}17 \text{ dynes.}$$

et le travail mis par cette masse pour parcourir un pied ou 30,5 centimètres est égal à

$$500 \times 981{,}17 \times 30{,}5 \text{ ergs.} \qquad (1)$$

L'unité de chaleur, trouvée par Joule, exprimée en calories, est égale à $500 \times \frac{5}{9}$ et par suite à

$$500 \times \frac{5}{9} \times 4,17 \times 10^7 \text{ ergs} \qquad (2)$$

L'équation (2) représente la valeur d'une calorie et l'équation (1) celle de l'unité de travail.

Autant de fois cette dernière sera contenue dans l'expression (2) autant la calorie vaudra d'unités de travail, soit

$$\frac{500 \times 5 \times 4,17 \times 10^7}{500 \times 9 \times 981,17 \times 30,5} = 774 \text{ par défaut.}$$

CHAPITRE XX

NOTIONS DE THERMODYNAMIQUE

La thermodynamique est la science qui traite des relations qui existent entre la chaleur et le travail dans les machines thermiques.

Elle est basée sur deux principes fondamentaux qui sont le principe de Mayer et le principe de Carnot.

Energie. — On dit qu'un corps possède de l'énergie lorsqu'il est capable de produire du travail.

Exemple. — La houille, qui est susceptible après quelques transformations de faire tourner une machine, renferme de l'énergie ; un cours d'eau qui fait tourner une turbine renferme de l'énergie ; le zinc qui se décompose en donnant lieu à la formation d'un courant électrique renferme de l'énergie, etc., etc.

D'une façon générale, sous quelque forme qu'elle apparaisse, l'énergie est susceptible de se transformer en une autre sorte d'énergie.

Dans tous les cas, l'énergie *se conserve intégralement dans ses transformations.*

Autrement dit il existe dans l'univers une somme d'énergie qui est immuable, et pas plus que pour la matière il est impossible d'en détruire ni d'en créer. En général on ne peut observer que des variations d'énergie.

Energie mécanique, cinétique ou potentielle. — Un corps peut posséder de l'énergie mécanique, c'est-à-dire la faculté de produire un certain travail, soit par suite de sa vitesse, soit à cause de la position qu'il occupe dans l'espace.

Energie potentielle. — On appelle ainsi l'énergie emmagasinée en quelque sorte dans un corps.

Un poids de 2 kilogrammes élevé à 10 mètres de hauteur a donné lieu à un travail de 20 kilogrammètres.

Ce poids a augmenté son énergie primitive d'une quantité équivalente à 10 kilogrammètres. C'est un exemple d'énergie potentielle.

Energie cinétique. — Lorsqu'un corps ou un système de molécules est animé d'une certaine vitesse, il possède aussi une certaine énergie qu'on appelle *énergie cinétique.*

Une pierre qui tombe, un boulet lancé dans l'espace possèdent de l'énergie cinétique.

Energie totale. — Laissons tomber un corps. Au fur et à mesure qu'il se rapproche du sol son énergie potentielle diminue, tandis que son énergie cinétique augmente.

Si l'on prend le corps en un point quelconque de sa course on dit qu'il possède *une énergie totale* composée de son énergie cinétique et de son énergie potentielle.

La somme de ces deux énergies est d'ailleurs toujours constante et égale à l'énergie potentielle.

On voit donc qu'en résumé l'énergie potentielle peut se transformer en travail et en énergie cinétique.

Force vive. — On appelle *force vive* d'un point matériel en mouvement le produit de sa masse par le carré de sa vitesse.

$$F = mv^2.$$

Puissance vive. — On donne le nom de puissance vive à la moitié de la quantité précédente

$$P = \frac{1}{2} mv^2.$$

Théorème. — *Le travail d'une force constante agissant seule sur un point matériel est égal à la variation de puissance vive du corps.*

Désignons par F une force constante agissant *dans la direction du chemin e* parcouru pendant le temps t. Nous savons que cette force imprime au corps un mouvement uniformément accéléré d'accélération γ. Désignons par V_0 la vitesse initiale du corps.

Le travail est égal à $\quad F \times e.$

Mais on a : $\quad F = m\gamma.$

et $\quad e = V_0 t + \frac{1}{2} \gamma t^2$

d'où $\quad \text{Travail} = m\gamma \left(V_0 t + \frac{1}{2} \gamma t^2\right)$

soit $\quad T = \frac{m\gamma t}{2} (2 V_0 + \gamma t) \qquad (1)$

Or, on a : $\quad V = V_0 + \gamma t.$

d'où $\quad V - V_0 = \gamma t.$

Remplaçons dans l'équation (1) γt par sa valeur il viendra :

$$T = \frac{m}{2} (V - V_0) (2 V_0 + V - V_0) = \frac{m}{2} (V - V_0) (V_0 + V).$$

soit :

$$T = \frac{m}{2} (V^2 - V_0^2) = \frac{1}{2} m V^2 - \frac{1}{2} m V_0^2$$

Remarque. — Lorsque la force n'est pas dans le sens du chemin parcouru le résultat est le même. En effet cette force peut être décomposée en deux autres, l'une *dans le sens du chemin parcouru* et l'autre normale à ce chemin; cette dernière ne produit aucun travail et n'influence que la direction de la vitesse et non sa grandeur. On est donc ainsi ramené au cas d'une force agissant dans le sens du chemin parcouru.

Travail moteur. — On appelle travail moteur ou positif le travail de forces qui font avec la direction du chemin parcouru un angle aigu.

Travail résistant. — On donne le nom de travail résistant ou négatif au travail produit par les forces faisant un angle obtus avec la direction du chemin parcouru.

Forces agissant sur une machine. — Parmi les diverses forces susceptibles d'agir sur une machine ou sur un système de points matériels on distingue : 1° *les forces extérieures* ; 2° *les forces intérieures.*

On doit rattacher aux forces intérieures les forces dites : *forces de liaison.*

Forces extérieures ou forces directement appliquées. — Les forces extérieures sont des forces émanant de points étrangers au système.

Forces intérieures. — Les forces intérieures sont les actions mutuelles que les différents points du système exercent les uns sur les autres. Ces actions sont toujours deux à deux égales et directement opposées.

Forces de liaison. — Un point matériel peut être gêné dans son mouvement par un certain nombre d'obstacles matériels ou *liaisons*. Etant des causes modificatrices de mouvement, les liaisons agissent donc comme des forces, dites pour cette raison *forces de liaison*.

Ces forces de liaison sont en quelque sorte les *réactions* de l'obstacle.

Ainsi une bille qui repose ou qui roule librement sur un plan horizontal reçoit constamment de la part de ce plan une réaction verticale égale et directement opposée au poids du corps.

Dans tous les cas cette réaction ou force de liaison empêche le corps de prendre un mouvement vertical de haut en bas, quelles que soient les forces qui agissent sur lui.

Dans la pratique cependant les *conditions* de liaison ne sont jamais absolument satisfaites.

En effet tous les corps sont plus ou moins élastiques ou déformables, ce qui fait que la fixité n'est produite que d'une façon imparfaite. On suppose cependant, en général, que le travail des forces de liaison est nul ou négligeable ; autrement dit on suppose pour simplifier la question les conditions de liaison parfaitement satisfaites, ce qui implique l'absence de tout frottement.

De sorte qu'en posant l'équation des forces vives et du travail on n'aura à tenir compte que des autres forces agissant sur le mobile.

Résistances passives. — On trouve dans les machines une autre catégorie de forces portant le nom de *résistances passives*.

Ces forces sont dues aux divers frottements des corps les uns sur les autres, aux résistances des milieux, aux vibrations des diverses pièces fixes ou mobiles de la machine, etc.

Ces résistances passives doivent être considérées comme des forces extérieures.

On démontre en mécanique que, si l'on considère un système quelconque de points libres ou assujettis à des liaisons se mouvant sous l'action d'un nombre quelconque de forces tant intérieures qu'extérieures, on a pour chaque point du système un travail qui se déduit du théorème des forces vives.

On aura donc pour tous les points du système

$$T = \frac{1}{2}(\Sigma\, m\, V^2 - \Sigma\, m\, V_0^2).$$

Dans le cas d'un mouvement de translation uniforme, par exemple, la vitesse étant constante, le travail de ces diverses forces serait donc théoriquement nul et par suite le travail produit serait égal au travail dépensé. Le travail des résistances passives, quand elles existent, doit entrer dans cette équation.

Principe de Mayer. — *Lorsqu'un corps ou un système de corps subit des transformations le ramenant au même état, si le système a reçu des corps extérieurs du travail il a cédé de la chaleur et la quantité de chaleur cédée est rigoureusement proportionnelle au travail accompli.*

La réciproque est vraie.

Equation générale de l'équivalence. — Lorsqu'on communique à un corps une certaine quantité de chaleur il peut se produire des phénomènes très variés. Nous supposerons pour simplifier la question qu'il ne se produit aucun phénomène chimique, électrique ou magnétique. Dans ce cas les phénomènes suivants peuvent se produire :

1° Augmentation de la température du corps.

2° Dilatation du corps. (Travail moléculaire interne.)

3° Production d'un travail externe consécutif à la dilatation du corps et dû aux résistances extérieures vaincues.

Désignons par Q la quantité de chaleur fournie au corps.

Cette quantité sera exprimée en kilogrammètres par 425 Q. Soit q_1 la portion de chaleur employée à produire l'élévation de température du corps ou 425 q_1 kilogrammètres. Soit T le travail externe dû aux résistances extérieures vaincues.

$\frac{1}{2}(\Sigma\, mV^2 - \Sigma\, mV_0{}^2)$ la variation de puissance vive du corps.

Le principe de la conservation de l'énergie et celui de Mayer nous permettront d'écrire.

$$425\,Q = 425\,q_1 + T + \frac{1}{2}(\Sigma\, mV^2 - \Sigma\, mV_0{}^2)$$

La quantité q_1 est impossible à mesurer dans la pratique.

D'ailleurs le corps étant revenu à son état initial il a fallu dans toutes les transformations qu'il a subies lui fournir et lui enlever successivement des quantités égales de chaleur ; en outre si le corps a subi successivement des dilatations et contractions égales au total, la somme algébrique des travaux fournis dans ce cas est nulle.

Donc $q_1 = 0$.

L'équation trouvée s'écrit alors :

$$425\,Q = T + \frac{1}{2}(\Sigma\, m\, V^2 - \Sigma\, m\, V_0{}^2)$$

en sorte que la quantité de chaleur primitive s'est distribuée en travail et en puissance vive.

Relations entre la pression, le volume et la température d'un gaz. — Dans les calculs de thermodynamique, les pressions s'expriment en atmosphères par mètre carré, et les températures partent du zéro absolu, c'est-à-dire : —273° (c'est le degré qui correspond à la pression 0).

En désignant par P la pression d'un gaz, par V le volume d'un kilogramme de ce gaz, t sa température, R un coefficient variable avec les différents gaz, on a la relation constante

$$PV = Rt$$

Les divers états d'un gaz se représentent graphiquement en considérant 2 axes rectangulaires ox et oy (fig. 183). Sur l'abcisse ox, on portera à une certaine échelle les volumes

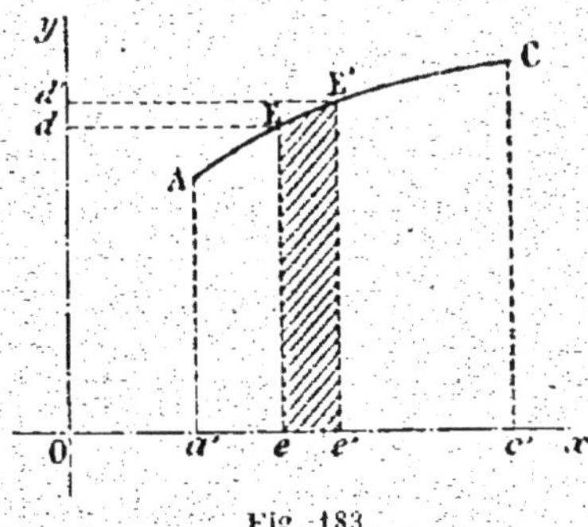

Fig. 183.

du gaz et sur l'ordonnée oy, les pressions correspondantes. On obtiendra ainsi une courbe telle que AC qui est la ligne représentative des divers états du gaz.

La pression au point E est représentée par Ee et son volume par Ed, sa température est alors $t = \frac{Ee.\,Ed}{R}$. La pression en E' est représentée par $E'e'$, son volume par $E'd'$ et sa température est

$$t' = \frac{E'e'.\ E'd'}{R}$$

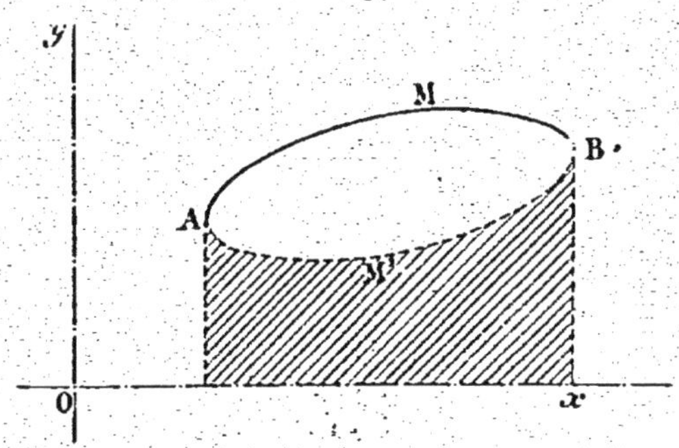

Fig. 184.

En passant de E à E', le volume de la masse de gaz considérée a subi une variation représentée par le déplacement *ee'*. En supposant très voisins les deux points EE', la pression E*e* = *p* pourra être considérée comme constante. La surface du rectangle EE'*ee'* est donc égale à *pee'*; c'est un travail; c'est le travail de la masse de gaz, de pression *p*, sous l'influence de l'augmentation de volume *ee'*. Donc en allant de A en C, cette même masse de gaz aura donné lieu à un travail représenté par l'aire de la surface AC*a'e'*.

Il est évident que si, partant de C pour revenir en A, on enlevait à notre masse de gaz la quantité de chaleur qui l'a fait passer de A en C et dans les mêmes conditions, on obtiendrait un travail négatif rigoureusement égal au précédent.

Dans la pratique, lorsqu'une évolution AMB revient à son état primitif, c'est généralement suivant une courbe différente BM'A (fig. 184.). On dit que la masse gazeuse a parcouru un cycle fermé. Le travail effectif est visiblement représenté par la surface intérieure de la courbe d'après ce que nous avons vu plus haut.

On sait que pour qu'un travail utile soit produit il faut qu'il y ait des variations de pression correspondant à un même volume à l'aller et au retour. Suivant les conditions de l'évolution on distingue plusieurs formes de courbes.

L'évolution se faisant à température constante le gaz suit la loi de Mariotte. La courbe est une hyperbole équilatère ou *isotherme*. Dans ce cas la masse de gaz emprunte de la chaleur au milieu ambiant.

On a alors pour un gaz parfait PV = constante.

Lorsque l'évolution se fait sans aucun apport ni cession de chaleur (ce qui force évidemment la température à varier) la courbe est dite *adiabatique*.

Pour un gaz parfait l'équation est alors $PV^{1,40}$ = constante (1).

(1) 1,40 est le rapport $\frac{C}{c}$ des chaleurs spécifiques à pression constante et à volume constant.

Les transformations à pression constante se font suivant une *horizontale*.

Celles à volume constant suivant une *verticale*.

Principe. — D'une façon générale on peut se rendre compte que dans la pratique un corps ne peut emprunter de la chaleur qu'à un ou plusieurs corps qu'on désigne sous le nom de *source chaude* et dont la température est plus élevée que la sienne; inversement il n'en peut céder qu'à une *source froide*, c'est-à-dire à des corps dont la température est inférieure à la sienne. Dans la pratique la source chaude et la source froide sont considérées comme formées d'un seul corps.

Leur masse d'autre part est supposée assez grande pour que les quantités de chaleur (emprunt ou apport) fournies par le corps qui se transforme soient négligeables et ne modifient pas leur température.

Réversibilité. — Un cycle est dit *réversible* lorsqu'un corps ayant parcouru le cycle dans un sens sous l'influence d'un certain nombre de sources de chaleur il peut, les sources restant les mêmes, parcourir le cycle en sens inverse.

Il est d'ailleurs évident que si dans la première évolution il y a eu du travail produit par le corps, il faudra dans la seconde fournir à ce corps la même quantité de travail.

Principe 1. — Avec un nombre limité de sources de chaleur un cycle réversible ne peut être composé que d'isothermes et d'adiabatiques.

Principe 2. — Le cycle réversible le plus simple et le seul d'ailleurs que l'on puisse rendre réversible quand on ne dispose que de 2 sources, est composé de deux isothermes et de 2 adiabatiques. C'est celui qui est connu sous le nom de *Cycle de Carnot*.

Cycle de Carnot. — Le cycle de Carnot est ainsi formé :

Soit M une masse fluide à son état initial de volume V_0 et de température T (fig. 185). Chauffons-la de façon que sa température reste constante. Elle décrit l'isotherme MM_1, et emprunte à la source chaude une quantité de chaleur Q.

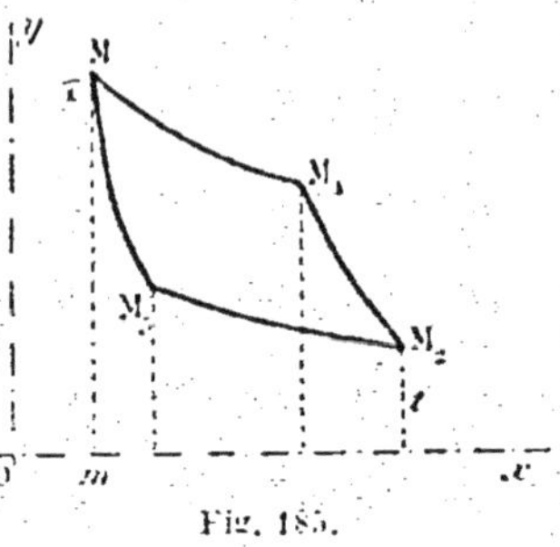

Fig. 185.

Laissons-la détendre sans lui fournir ni enlever de chaleur. Elle décrit l'adiabatique M_1M_2, et diminue de température en produisant du travail jusqu'en M_2 où sa température est t, $t < T$.

Comprimons-la à température constante suivant l'isotherme M_2M_3 ; le corps cède alors à la source froide une quantité de chaleur Q_0, fermons enfin le cycle par une compression adiabatique faisant remonter la température à T et ramenant le volume à V_0, on aura produit un travail représenté par la surface du quadrilatère curviligne MM_1 M_2 M_3 et exprimé par la formule $(Q - Q_0)$ 425.

Le cycle de Carnot est un cycle purement théorique dont il faut, dans la pratique, chercher à se rapprocher autant qu'on le peut. Il est d'ailleurs, on peut dire, uniquement utilisé dans les machines à vapeur où il est d'une importance considérable.

D'après les principes précédents le *cycle de Carnot est réversible*. On conçoit en effet que le corps puisse passer de M en M_3 suivant l'adiabatique M, M_3 sans qu'il y ait apport ou cession de chaleur, la température diminuant de T à t.

Le long de l'isotherme M_3M_2 (température constante t) le corps emprunte de la chaleur à la source froide qui est à la même température que lui.

Soit Q_0 la quantité de chaleur empruntée.

De M_2 à M_1 il y a compression adiabatique de la température t à T.

Enfin de M_1 à M le cycle se termine suivant l'isotherme M_1 M à température constante T. Il faut pour cela céder à la source une quantité de chaleur Q plus grande que Q_0. Donc *il a fallu créer une certaine quantité de chaleur pour la transporter sur la source chaude, ce qui ne peut se faire qu'en dépensant du travail d'après le principe de Mayer.*

Principe de Carnot. — Lorsqu'un corps évolue entre deux températures T et t (température des deux sources chaudes $t < T$) le rapport du travail accompli à la quantité de chaleur fournie, ou rendement du cycle, est indépendant de la nature du corps qui évolue. Il est uniquement fonction des températures T et t, et égal à $r = \frac{T - t}{T}$.

Le cycle de Carnot est réversible.

Remarque. — Le rendement du cycle s'écrit aussi :

$$r = \frac{T - t}{T} = \frac{Q - Q_0}{Q}$$

Remarque 2. — Le rendement exprimé par le cycle de Carnot est plus grand que dans tout autre cycle évoluant entre les deux mêmes températures.

Remarque 3. — Les formules précédentes expriment que le rendement est indépendant de la nature du corps qui a évolué.

Il n'est fonction que des températures limites entre lesquelles se fait l'évolution.

Principe de Clausius. — *Il est impossible de transporter directement de la chaleur d'un corps froid sur un corps chaud sans dépense de travail.*

Ce principe peut encore s'énoncer ainsi qu'il suit :

Il est impossible de faire fonctionner une machine thermique avec une seule source de chaleur.

Propriétés des isothermes et des adiabatiques. — Du principe de Clausius découlent un certain nombre de propriétés.

1° *Une isotherme et une adiabatique ne peuvent se couper qu'en un seul point.*

Si en effet elles se coupaient en deux points, la surface comprise entre ces deux courbes constituerait un cycle fermé correspondant à un travail produit en empruntant de la chaleur seulement à une source.

De cette propriété on déduit encore :

2° *Une adiabatique et une isotherme ne peuvent être tangentes.*

3° *Deux adiabatiques ne peuvent se couper.* (La démonstration est la même que dans le premier cas.)

4° *Suivant une adiabatique la température varie toujours dans le même sens.*

Dans tout autre cas en effet, on pourrait, partant d'une isotherme de température donnée, rencontrer un second point appartenant à la même isotherme.

5° *Suivant une isotherme la quantité de chaleur fournie au corps et correspondant à un élément, a toujours le même signe.* Si en effet cette quantité de chaleur pouvait changer de signe, il y aurait forcément un élément pour lequel sa valeur serait $Q = 0$.

En ce point l'isotherme et l'adiabatique serait tangentes, ce qui est contraire à la seconde propriété découlant du principe de Clausius.

Remarque. — De ces différents principes et propriétés on déduit que *le cycle de Carnot doit être un quadrilatère curviligne.*

PROBLÈME

a) Dans une machine thermique parfaite (de rendement maximum), la source chaude est à la température θ centigrades, la source froide à 27° centigrades. La machine emprunte par seconde 63000 calories à la source chaude. On demande de calculer, en fonction de θ :

1° La quantité de chaleur cédée par seconde à la source froide ;

2° La quantité de chaleur convertie en travail mécanique ;

3° La puissance P_0 de la machine (équivalent mécanique de la calorie : $4^{\text{joules}}, 187$).

Applications numériques :

$$1^\circ\ \theta = 77^\circ \text{ centigrades} ;\quad 2^\circ\ \theta = 177^\circ \text{ centigrades}.$$

b) Entre les deux mêmes sources, dans le cas où $\theta = 177^\circ$, fonctionne une machine thermique dont la puissance est $0{,}797\ P_0$. Cette machine puise de l'eau dans un grand bassin et la projette avec une vitesse de 10 mètres par seconde. L'orifice de sortie d'où jaillit l'eau est au niveau du bassin. On demande quelle est la masse d'eau projetée par seconde par la machine, en négligeant les frottements. Si l'eau est lancée verticalement, quelle hauteur maximum le jet peut-il atteindre ?

Nota. — On rappelle que, dans une machine thermique parfaite, le rapport de la quantité de chaleur prise à la source chaude (température centigrade t_1) à la quantité de chaleur cédée à la source froide (température centigrade t_2) est égal à $\dfrac{273 + t_1}{273 + t_2}$.

Solutions

a) 1° Le rapport de la quantité de chaleur prise à la source chaude à t_1° à la quantité de chaleur x cédée à la source froide à t_2° étant $\dfrac{273 + t_1}{273 + t_2}$, on a

$$\frac{63.000}{x} = \frac{273 + \theta}{273 + 27}, \quad \text{d'où} \quad x = \frac{63.000 \times 300}{273 + \theta}.$$

Si $\theta = 77^o$, $x = \frac{189 \times 10^5}{273 + 77} = 54.000$ calories ;

Si $\theta = 177^o$, $x = \frac{189 \times 10^5}{273 + 177} = 42.000$ calories.

2° La quantité de chaleur convertie en travail mécanique est donc

à 77° 63.000 — 54.000 = 9.000 calories.

à 177° 63.000 — 42.000 = 21.000 calories.

3° La puissance P_0 de la machine est :
Dans le premier cas, 4,187 × 9.000 = 37.683 watts.
Dans le second cas, 4,187 × 21.000 = 87.927 watts.

b) La puissance de la machine qui projette l'eau est :

$$(87.927 \times 0,797) \text{ watts},$$

ou $$(87.927 \times 0,797) \times 10^7 \text{ ergs-seconde}.$$

Elle fait acquérir à la masse d'eau m projetée par seconde à la vitesse v une force vive, $\frac{1}{2} mv^2$, telle que

$$\frac{1}{2} m \times 10^6 = 87.927 \times 0,797 \times 10^7 ;$$

on en déduit en kilogrammes

$$m = \frac{2 \times 87.927 \times 0,797 \times 10}{1000} = 1401 \text{ kg. } 556.$$

La hauteur e à laquelle s'élève un projectile lancé verticalement avec une vitesse v est donnée par la relation $v = \sqrt{2eg}$. Elle est donc $e = \frac{v^2}{2g}$. En prenant pour g la valeur 9,8, on voit que la hauteur maximum que peut atteindre le jet d'eau est

$$e = \frac{10 \times 10}{2 \times 9{,}8} = 5 \text{ m. } 10.$$

CHAPITRE XXI

CONDENSATION DE LA VAPEUR

Définition. — Lorsque la vapeur a été ramenée à l'état liquide on dit qu'elle s'est condensée.

Différentes manières d'opérer la condensation. — Il y a trois façons d'opérer la condensation de la vapeur : par refroidissement, par détente et par compression.

Condensation par refroidissement. — Nous avons vu dans l'étude de l'hygrométrie que la vapeur d'eau contenue dans l'air pouvait se condenser lorsque la température s'abaissait, la pression restant constante.

Nous avons vu également dans l'étude des vapeurs que lorsqu'on chauffait une vapeur saturante celle-ci augmentait de tension et qu'inversement si on refroidissait la température de cette vapeur la tension diminuait.

Elle se rapproche donc dans ce dernier cas de son point de vaporisation et si en particulier on lui enlève à ce moment une quantité de chaleur égale à sa chaleur de vaporisation on l'aura ramenée à l'état liquide à la température de vaporisation.

L'usage des condenseurs dans les machines est basé sur ce principe.

Condensation par détente. — Considérons le cycle de Carnot. $M_1 M_2$ est la courbe adiabatique de détente de la masse de gaz M. (fig. 185).

On sait que par cette détente adiabatique de la vapeur la température de cette dernière diminue.

Considérons la formule de Regnault. Pour transformer en vapeur à T° 1 kg. d'eau prise à la même température, la quantité de chaleur nécessaire est donnée par la formule

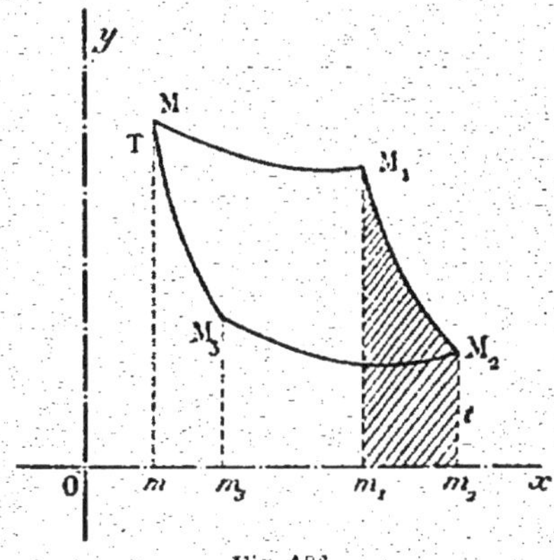

Fig. 186.

$$Q = 606{,}5 - 0{,}695\ T$$

C'est ce qu'on appelle chaleur de vaporisation de l'eau.

Cette chaleur latente augmente quand T diminue, or, dans le cas de notre détente adiabatique, T va en diminuant jusqu'à t. Il se produit donc en chaque point un abaissement de température qui pourrait s'écrire

$$\Delta t = \frac{\Delta q}{c}$$

c étant la chaleur spécifique de la vapeur à l'instant t.

On conçoit donc que, la chaleur latente allant en augmentant d'une part, que d'autre part aucun apport de température n'étant fait de l'extérieur, pour que la vapeur reste saturante elle ne pourra emprunter qu'à elle-même la chaleur devant entrer dans la valeur de sa chaleur latente. Par suite, une certaine quantité de cette vapeur se condensera, cédant au reste de la masse de vapeur ses calories.

D'autre part, si nous examinons la courbe M_1M_2 nous voyons que sous l'apport ancien de chaleur, la masse de vapeur a fait en se détendant de M_1 à M_2 une quantité de travail représentée par la surface $M_1M_2m_1m_2$.

Comme toute production de travail exige un certain nombre de calories (équivalent mécanique de la chaleur), les calories fournies par le travail $M_1M_2m_1m_2$ n'ont pu être fournies que par la vapeur elle-même.

On conçoit donc encore ici que pour cette raison la température de la vapeur détendue doive s'abaisser.

L'abaissement de température est même dans ce cas notablement supérieur à l'abaissement produit par la première cause.

Condensation par compression. — En diminuant le volume occupé par une vapeur saturante il y a condensation. En effet la force élastique de la vapeur tend à augmenter en raison de la diminution de volume de l'enveloppe, mais comme sa force élastique maxima ne peut être supérieure à celle qui correspond à la température *supposée invariable*, une certaine quantité de vapeur se condense de façon que la pression reste constante. Les courbes brusques dans le tuyautage de vapeur donnant lieu à des compressions momentanées de cette vapeur, sont une source de condensations pouvant donner lieu à des chocs et à des ruptures de tuyautage. C'est pourquoi il est nécessaire de placer des purges dans ces endroits.

Condensation de la vapeur dans les machines. — Lorsque la vapeur a travaillé dans le dernier des cylindres d'une machine elle est refoulée au dehors.

Mais pour que la pression effective puisse être aussi grande que possible on a intérêt à diminuer la pression de cette vapeur d'évacuation. On peut alors soit faire échapper cette vapeur dans un espace de volume beaucoup plus grand que celui du cylindre, la pression de cet espace étant elle-même notablement inférieure à celle de la vapeur, soit refroidir la vapeur de façon que sa tension maxima correspondant à sa nouvelle température soit diminuée d'une manière appréciable.

Le premier moyen n'est pas utilisé dans la marine; il l'est dans l'industrie et sur les locomotives.

La machine évacue à l'air libre c'est à-dire dans un espace de volume infini à des pressions plus faibles que celle de la vapeur.

Les machines fonctionnant dans ces conditions sont dites *sans condensation.*

Le second moyen n'est employé que dans la condensation de la vapeur des appareils distillatoires. La vapeur est amenée au contact d'une paroi froide et se condense d'après ce que nous avons dit précédemment et d'après le principe de Watt que nous avons étudié plus haut.

Dans la condensation de la vapeur des machines on utilise simultanément les deux moyens précédents.

La condensation de la vapeur a donc en somme pour objet d'obtenir une diminution de pression aussi considérable que possible dans le dernier cylindre des machines du côté de la surface du piston opposée à celle qui est en communication soit avec les chaudières (dans le cas de un cylindre) soit avec l'autre ou les autres cylindres (machine à plusieurs cylindres).

Pour cela deux appareils principaux sont utilisés : le *condenseur* et la *pompe à air.*

Condenseurs. — Il y a deux genres de condenseurs : les condenseurs par mélange et les condenseurs par surface.

Condenseurs par mélange. — *Principe.* — Soit une machine M dans laquelle la vapeur d'évacuation à la pression P, communique avec une caisse C dans laquelle arrive constamment de l'eau froide au moyen d'un tuyau d'injection i et s'écoulant par le tuyau T (fig. 187).

La diminution de volume du cylindre d'une part, le principe de Watt d'autre part font que la vapeur s'écoule de M en C et prend une tension p correspondant à la température de C et par suite notablement inférieure à P.

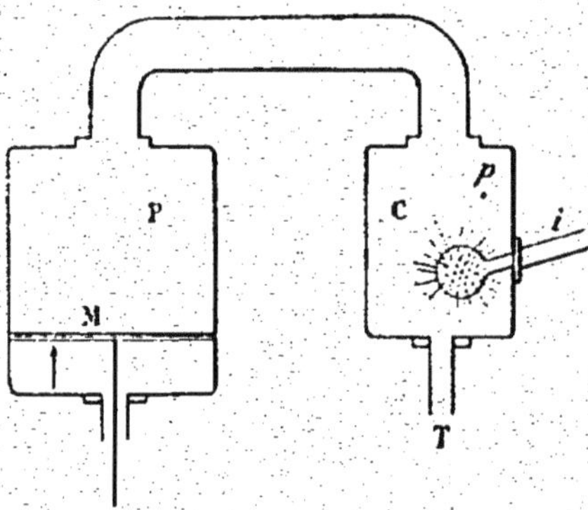

Fig. 187.

Les condenseurs par mélange ne sont plus employés dans la marine, mais le sont assez fréquemment dans l'industrie.

Poids d'eau condensante. — Il est utile de savoir calculer quelle est la quantité d'eau froide nécessaire à la condensation d'un poids donné de vapeur.

1er *Procédé.* — Soit un poids Q de vapeur à la pression P.

La température de cette vapeur peut se déduire facilement de la formule $P = \left(\frac{T}{100}\right)^4$ que nous connaissons. Soit donc T la température de cette vapeur.

Soit en outre t la température de l'eau d'injection et t' celle du mélange d'eau et de vapeur après la condensation.

Pour condenser la vapeur à la température t', il a fallu le même nombre de calories que s'il s'était agi de prendre l'eau à la température t' et de la vaporiser à la température T, soit d'après la formule de Regnault

$$Q\ (606{,}5 + 0{,}305\ T - t')$$

Si nous prenons 1 comme chaleur spécifique aussi bien pour l'eau de mer que pour l'eau douce, la chaleur absorbée par l'eau sera égale au poids cherché x multiplié par $(t' - t)$ et l'on aura l'équation

$$Q\ (606{,}5 + 0{,}305\ T - t') = x\ (t' - t)$$

d'où

$$x = Q\ \frac{(606{,}5 + 0{,}305\ T - t')}{t' - t}$$

La formule montre que la quantité d'eau condensante augmente à mesure que la température du mélange se rapproche de celle de l'eau d'injection.

Si même l'on avait $t = t'$ on aurait

$$x = \infty$$

ce qui prouve que la condensation ne pourrait avoir lieu dans ces conditions. En pratique on prend $t = 40$ degrés environ. Il y a désavantage à prendre t au-dessus ou au-dessous de cette valeur.

2e *Procédé.* — Désignons par P le poids de vapeur consommé par cheval indiqué et par heure. Désignons par t_1 la température de la vapeur à la chaudière.

Supposons que l'on soit en présence d'une machine à un cylindre.

La quantité de chaleur fournie à la machine est donc par cheval-heure

$$Q = P\,(606{,}5 + 0{,}305\,t_1)$$

en supposant l'eau prise à zéro degré.

De cette chaleur, une certaine quantité q est transformée en travail, soit

$$q = \frac{75 \times 3600}{425} = \frac{270000}{425} \text{ par cheval heure.}$$

Une seconde partie se condense au contact de la paroi et peut se retrouver dans les purges (environ 1/20 de P).

soit $$q_1 = \frac{P}{20}\,t_1$$

(t_1 étant la température de l'eau de purge, égale à la température de la vapeur, puisque celle-ci est saturante.)

Une troisième partie q_2 est absorbée par l'eau d'injection du condenseur.

On a donc, en résumé, $Q = q + q_1 + q_2$.

ou $$P\,(606{,}5 + 0{,}305\,t_1) = \frac{270000}{425} + \frac{Pt_1}{20} + q_2.$$

Soit M la quantité d'eau à injecter à la température θ pour condenser la vapeur à la température t. Le poids de vapeur qui va au condenseur est évidemment égal à $P - \frac{P}{20} = \frac{19}{20}\,P$.

On peut écrire que la quantité de chaleur contenue dans les deux corps avant leur mélange est égale à celle qu'ils contiennent lorsqu'ils sont mélangés.

Soit $$(q_2 + M\theta) = (M + \frac{19}{20}P)t_2$$

t_2 étant la température finale du mélange.

d'où l'on tire $$M = \frac{(q_2 - \frac{19}{20}Pt_2)}{t_2 - \theta}$$

Remarque. — Dans le cas d'une machine à plusieurs cylindres, le calcul est le même. Seul le poids de l'eau de condensation varie. Il est pratiquement pris proportionnel au nombre des cylindres.

Ce qui fait que pour une machine à triple expansion à trois cylindres, on aurait

$$M' = \frac{q_2 - \frac{17}{20}Pt_2}{t^2 - \theta}$$

Condenseurs par surface. — Les condenseurs par surface sont basés sur la conductibilité des métaux.

Imaginons (fig. 188) un récipient R composé d'une partie étanche à l'intérieur de laquelle se trouvent un certain nombre de tubes et de deux autres compartiments CC'.

A la partie inférieure de C, refoulons, au moyen d'une pompe par exemple, de l'eau froide pouvant être évacuée en E' après avoir traversé tous les tubes. Imaginons d'autre part que de la vapeur arrive en V. Cette vapeur, au contact des parois froides de la surface des tubes, se refroidira et se condensera, puis pourra s'évacuer par l'orifice V' placé à la partie inférieure du récipient R.

L'inverse pourrait également avoir lieu, c'est-à-dire qu'on pourrait faire circuler la vapeur à l'intérieur des tubes et l'eau à l'extérieur.

Dans les deux cas, l'appareil ainsi constitué porte le nom de condenseur par surface.

La condensation se fait d'autant mieux que le métal des tubes est meilleur conducteur de la chaleur.

D'autre part, la quantité Q de chaleur qui passe par unité de temps à travers une paroi métallique est proportionnelle à sa surface S, au coefficient C de conductibilité du métal et à

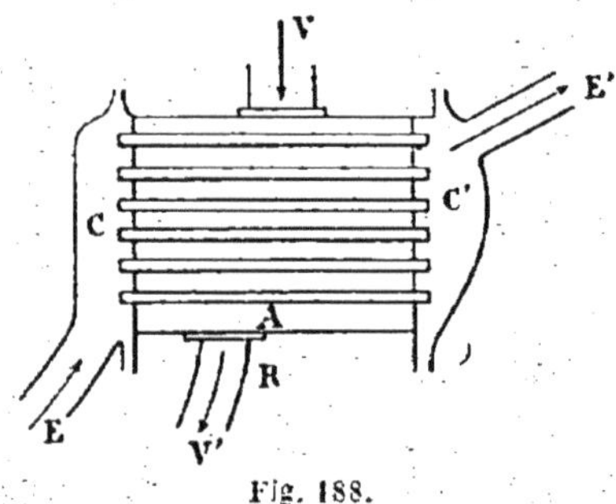

Fig. 188.

la différence T — t des températures qui règnent de part et d'autre de la paroi ; elle est inversement proportionnelle à l'épaisseur e de la paroi.

On a donc

$$Q = \frac{CS(T - t)}{e}$$

Pour augmenter Q il faut donc diminuer le dénominateur de cette fraction et augmenter le numérateur.

Dans la pratique, on diminue e, en prenant des tubes d'épaisseur aussi faible que possible,

$$e = 1^{m}/_{m} \text{ à } 1\ ^{m}/_{m}\ 5.$$

T — t est fonction de la température de l'eau réfrigérante et de celle de la vapeur d'échappement. On n'y peut donc rien changer.

C est rendu aussi grand que possible, sans élévation exagérée du prix de revient en prenant comme métal du cuivre ou du laiton. Enfin, S est rendu d'autant plus grand qu'on utilise pour une section donnée du passage de l'eau un plus grand nombre de tubes.

En effet, comparons un seul tube de longueur l et de diamètre D avec n petits tubes de même longueur de diamètre d et de section telle que la section du grand tube soit égale à la somme des sections des n petits tubes. On a alors

$$\frac{\pi D^2}{4} = \frac{n\pi d^2}{4}$$

d'où

$$D = d\sqrt{n}$$

La surface refroidissante du grand tube est

$$\pi Dl$$

Celle de n petits est

$$n\pi dl$$

Il suffit donc de prouver que

$$n\pi dl > \pi Dl$$

ou

$$nd > D$$

Ceci est évident si nous remplaçons D par sa valeur trouvée plus haut

$$d\sqrt{n}$$

On a en effet

$$nd > d\sqrt{n}$$

Poids d'eau réfrigérante. — Le travail nécessaire pour faire circuler l'eau réfrigérante dans un condenseur par surface est naturellement inférieur au travail nécessité pour extraire l'eau de condensation d'un condenseur par mélange. Aussi fait-on généralement circuler l'eau de circulation dans les condenseurs par surface dans une proportion beaucoup plus grande qu'il ne serait nécessaire théoriquement de le faire.

Dans la marine française, il est d'usage de faire circuler 50 à 60 kilogrammes d'eau par kilogramme de vapeur à condenser pour une pression de 8 à 10 kilogrammes.

Remarque. — Dans la pratique, l'action de l'eau réfrigérante ne dépend pas seulement de son poids et des autres facteurs indiqués plus haut.

L'eau doit faire dans le condenseur un séjour assez long pour que son échauffement ait le temps de se produire au degré voulu.

En désignant par V le volume de l'eau dans les tubes du condenseur par kilogramme de vapeur et par heure, l'eau doit se renouveler un certain nombre de fois donné par la formule

$$\frac{P}{V}$$

P étant le poids de l'eau réfrigérante (P *et* V *doivent être exprimés en mêmes unités*).

On prend en général le rapport $\frac{P}{V} = 1000$, ce qui correspond à un séjour de l'eau dans le condenseur d'environ 3 secondes et demi.

N. B. — *On pourrait également pour calculer le poids d'eau condensante utiliser la formule trouvée dans le cas du condenseur par mélange : 1er procédé.*

Présence de l'air dans les condenseurs. — Nous venons d'étudier théoriquement le principe de la condensation de la vapeur d'eau dans un condenseur.

En pratique, on se trouve en présence d'une certaine quantité d'air qui est fatalement mélangé à la vapeur. Cet air provient de la mauvaise étanchéité de différents joints et presse-étoupes de la machine; les chaudières, au moment de leur allumage, en contiennent une certaine quantité, surtout lorsqu'elles ont été ouvertes au mouillage et que cet air a été insuffisamment purgé à l'allumage; à la mise en marche, cet air est envoyé au condenseur après avoir passé dans les cylindres; enfin, l'eau d'alimentation elle-même contient souvent de l'air en dissolution.

Cet air, lorsqu'il arrive dans le condenseur, se détend de façon à occuper tout le volume de cet organe et, d'après la loi de Dalton, sa pression s'ajoute à celle de la vapeur à la température du condenseur.

Il y a donc lieu d'extraire cet air et en même temps il est nécessaire d'extraire aussi l'eau condensée et la vapeur qui ne peut se condenser, en raison de la température du condenseur.

Pression au condenseur. — Si V est le volume d'un condenseur, p la pression d'un volume v de vapeur évacuée dans ce condenseur, p' la pression d'un volume v' d'air, p'' la pression d'un volume v'' de vapeur saturante à la température du condenseur, on a au moment de l'échappement, en vertu de la loi de Dalton, pour valeur de la pression P au condenseur, à ce moment

$$P = \frac{pv}{V} + \frac{p'v'}{V} + \frac{p''v''}{V}$$

Si l'on fait le calcul à la fin de la condensation, on a

$$P_1 = \frac{p'v'}{V} + \frac{p''v''}{V}$$

C'est cette dernière pression, d'ailleurs assez faible, qui agit surtout dans le condenseur, la vapeur d'échappement étant rapidement condensée.

Elle porte le nom de *pression absolue du condenseur.*

Calcul pratique de la pression. — Dans un condenseur par mélange, l'eau d'injection contient environ $\frac{1}{20}$ de son volume d'air à la pression atmosphérique. L'air introduit se dégage dans le condenseur et est extrait dans un volume à peu près double par rapport à l'eau ; autrement dit, quand on introduit un volume d'eau égal à 1, on introduit un volume d'air égal à $\frac{1}{20}$ mais cet air se répand dans le condenseur et on en extrait 2 volumes pour 1 d'eau ; la pression de cet air devient égale à p et en supposant la pression atmosphérique de 1 kilogramme, elle est donnée par la loi de Mariotte :

$$p_k \times 2 = 1 \times \frac{1}{20} \text{ ou } p = \frac{1}{40} = 0 \text{ kgr. } 025.$$

La pression de l'air due aux rentrées par les presse-étoupes ou joints mal faits atteint souvent la valeur

$$p_1 = 0 \text{ kgr. } 10.$$

La pression de la vapeur d'eau vers 40° est d'environ

$$p_2 = 0 \text{ kgr. } 090.$$

Soit au total

$$P = p + p_1 + p_2 \quad 0{,}025 + 0{,}10 + 0{,}090 = 0 \text{ kgr. } 215.$$

C'est d'ailleurs là à peu près la moyenne des contrepressions que l'on trouve dans les machines.

Pompes à air — L'appareil employé pour vider le condenseur des fluides dont nous venons de parler, porte le nom de pompe à air. (Voir au chapitre des pompes, le fonctionnement général de ces appareils.) Dans les machines marines, les deux faces du dernier piston (piston détendeur) évacuent tour à tour la vapeur et, par suite, se trouvent alternativement en communication avec le condenseur. Il est donc nécessaire que la pompe à air aspire aussi souvent ou tout au moins en assez grande quantité pour ne pas laisser le condenseur s'engorger.

Répétons encore que malgré son nom la pompe à air aspire l'air, l'eau et la vapeur.

Les pompes à air employées dans la marine sont de plusieurs sortes :

1° Pompes à simple effet aspirantes et élévatoires ;

2° Pompes à simple effet aspirantes et foulantes;

3° Pompes à double effet aspirantes et foulantes.

On peut dire en outre que seules les pompes de la troisième

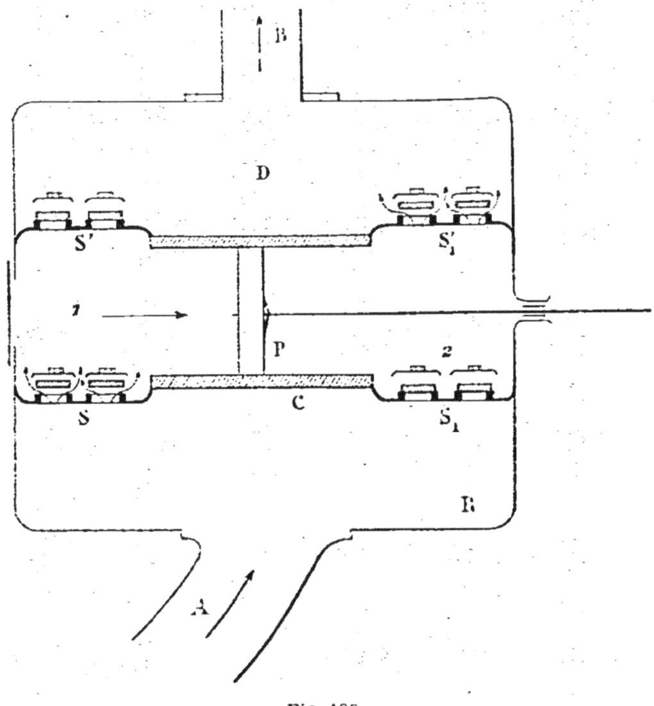

Fig. 182.

catégorie sont effectivement employées de nos jours à bord des bâtiments.

Enfin la pompe à air peut être mue soit par la machine motrice elle-même, au moyen d'un balancier, soit par une machine auxiliaire indépendante, dite machine de servitude.

Disposition schématique d'une pompe à air à double effet. — Cette pompe à air se compose d'un piston P pouvant se mouvoir dans un cylindre C placé à l'intérieur d'un récipient R. Chaque extrémité du cylindre communique avec un certain nombre de clapets d'aspiration, dits clapets de pied SS_1 et avec un certain nombre de clapets de refoulement, ou clapets de tête $S'S'_1$ (fig. 189).

L'eau de condensation, la vapeur, l'air sont aspirés en A et peuvent être refoulés en B.

Fonctionnement. — Supposons la pompe amorcée, le piston au bout de sa course du côté gauche et poussons-le vers la droite.

Grâce au vide créé dans le compartiment 1 les clapets S se soulèvent, et les fluides à extraire remplissent ce compartiment.

Les clapets S' sont appuyés sur leur siège par leur poids et au moyen de ressorts. De l'autre côté la pression des fluides appuie S_1 sur leur siège, fait soulever S'_1 et refoule dans le compartiment D ou bâche, l'eau, l'air et la vapeur qui se trouvaient dans le compartiment 2. Au retour c'est l'inverse qui se produit.

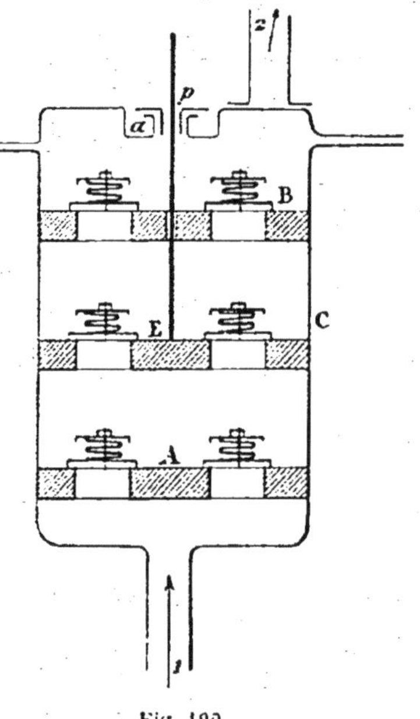

Fig. 190.

Les pompes actuelles se composent d'un cylindre C contenant une série de clapets de pied A, d'une série de clapets de tête B et le piston lui-même porte une série de clapets E (fig. 190).

L'eau est aspirée en 1 et refoulée en 2. Le fonctionnement de cette pompe est aussi facile à comprendre que celui des diverses pompes étudiées jusqu'ici.

Remarque. — Le couvercle de la pompe est creux de façon qu'en *a* on puisse verser de l'eau jusqu'à un niveau supérieur à la partie supérieure du presse-étoupes.

On évite ainsi les rentrées d'air par cet endroit.

Vide absolu. — Si nous mettons un compartiment en communication avec une pompe à air marine, une machine pneumatique, une trompe, etc., nous savons qu'en faisant fonctionner ces appareils, nous pouvons enlever une grande partie de l'air contenu dans le compartiment. Si l'on pouvait enlever complètement cet air, il existerait dans le compartiment considéré le vide absolu.

Avec des appareils très précis comme nous l'avons vu au chapitre des pompes, on peut s'en rapprocher sans toutefois pouvoir l'atteindre.

Dans un condenseur on ne s'en rapproche que d'assez loin, à cause de l'air et du fait que l'eau, même condensée, émet toujours des vapeurs à une certaine tension.

Vide effectif. — On nomme vide effectif la différence qu'il y a entre la pression atmosphérique et la pression du condenseur.

Dans les machines bien construites et en bon état, ce vide atteint en moyenne 70 centimètres, ce qui donne pour la pression absolue du condenseur 6 à 11 cm. en supposant la pression atmosphérique du moment égale à 76 centimètres.

Indicateur du vide. — Pour connaître le vide dans les condenseurs, on utilise des appareils ressemblant aux manomètres que nous avons décrits mais fonctionnant en sens inverse.

Indicateur métallique. — Le plus employé aujourd'hui est l'indicateur métallique système Bourdon (fig. 191).

Il se compose d'un tuyau *t t' t''* à section aplatie, fermé à l'extrémité *t''* et en communication par l'autre extrémité avec le condenseur. Le raccordement se fait grâce au tuyau T et un robinet R permet d'intercepter à volonté la communication de l'indicateur et du condenseur.

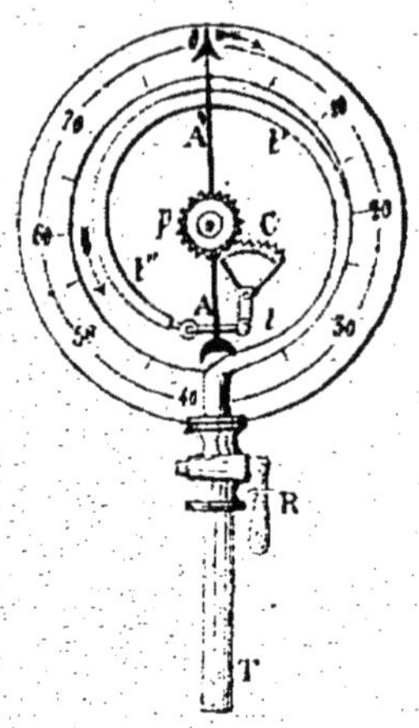

Fig. 191.

L'extrémité fermée s'articule au moyen d'une biellette A à un levier dont un bras C forme secteur et engrène avec un pignon *p* portant claveté sur son axe une aiguille A'.

Celle-ci peut se déplacer sur un cadran gradué en centimètres de mercure.

Quand le vide augmente le tuyau elliptique suit la loi que nous avons expliquée au sujet du manomètre métallique.

Remarque. — Les anémomètres peuvent sans changement de graduation indiquer le vide dans un condenseur. Nous les avons décrits au chapitre des manomètres.

Application

Dans une machine à condensation (par mélange) la chaleur de vaporisation de la quantité (P) de vapeur (à t_1°) consommée par cheval-heure, doit se retrouver :

En travail mécanique (cheval-heure) ;

Dans l'eau de condensation des enveloppes (*p* à la température t_1°) ;

En pertes par rayonnement (négligeables) ;

En chaleur introduite dans le condenseur (échappement) pour y être récupérée.

L'eau d'injection F à la température θ se mélange à la vapeur d'échappement et l'ensemble prend la température du condenseur t_2°.

On demande quelle quantité d'eau sera nécessaire par cheval-heure (ou par kg. de vapeur) pour alimenter un condenseur fonctionnant avec les données suivantes

$$P = 9 \text{ k.} \quad t = 171^\circ \text{ (7 k.)}$$
$$p = 0 \text{ k.}50 \quad \theta = 12^\circ$$
$$t_2 = 30^\circ$$

Solution.

Considérons la formule

$$P\,(606{,}5 + 0{,}305\, t_1) = \frac{270.000}{425} + p\, t_1 + Q_2$$

Elle devient

$$Q\,(606{,}5 + 0{,}305 \times 171) = \frac{270.000}{425} + (0{,}50 \times 171) + Q_2$$

d'où $Q_2 = 5927{,}8 - 635{,}3 - 85{,}5 = 5207$.

$$\text{On a } M = \frac{Q_2 - (P-p)\,t_2}{t_2 - \theta} = \frac{5207 - (q - 0{,}05)\,35}{30 - 12} = 213 \text{ kg.}$$

d'où 213 litres d'eau par kg. de vapeur.

TABLE DES MATIÈRES

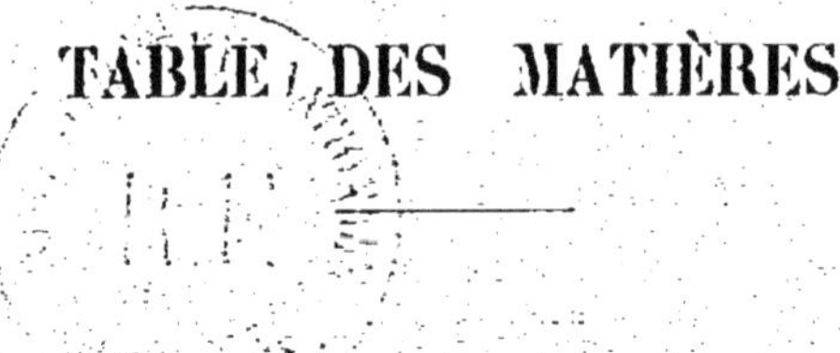

CHAPITRE III

Unités.

CHAPITRE IV

Equilibre des liquides.

CHAPITRE V

Principe d'Archimède.

CHAPITRE VI

Capillarité.

CHAPITRE VII

Pression atmosphérique. — Baromètres.

CHAPITRE VIII

Loi de Mariotte. — Manomètres.

CHAPITRE IX

Pompes à air.

CHAPITRE X

Pompes à eau.

CHAPITRE XI

Chaleur.

CHAPITRE XII

Coefficients de dilatation.

CHAPITRE XIII

Chaleurs spécifiques.

CHAPITRE XIV

Fusion. — Solidification.

CHAPITRE XV

Etude des vapeurs.

CHAPITRE XVI

Ebullition.

CHAPITRE XVII

Hygrométrie.

CHAPITRE XVIII

Propagation de la chaleur.

CHAPITRE XIX

Notions sur l'équivalence mécanique de la chaleur.

CHAPITRE XX

Notions de thermodynamique.

CHAPITRE XXI

Condensation de la vapeur.

Orléans. — Imp. H. Tessier.

www.ingramcontent.com/pod-product-compliance
Ingram Content Group UK Ltd.
Pitfield, Milton Keynes, MK11 3LW, UK
UKHW020557230726
13926UKWH00005B/2075